小动物眼科学
案例快速回顾手册

Small Animal Ophthalmology: Self-Assessment Color Review

主编：〔美〕唐·A. 塞谬尔森（Don A. Samuelson）

〔美〕丹尼斯·E. 布鲁克斯（Dennis E. Brooks）

主译：胥辉豪

长江出版传媒
湖北科学技术出版社

Small Animal Ophthalmology: Self-Assessment Color Review / by Don A. Samuelson, Dennis E. Brooks /
ISBN: 978-1-84076-145-0

著作权合同登记号：图字 17-2023-078 号

图书在版编目（CIP）数据

小动物眼科学案例快速回顾手册 /（美）唐・A. 塞谬尔森（Don A. Samuelson），（美）丹尼斯・E.
布鲁克斯（Dennis E. Brooks）主编；胥辉豪主译 . — 武汉：湖北科学技术出版社，2023.8
　　ISBN 978-7-5706-2534-5

Ⅰ. ①小…　Ⅱ. ①唐…　②丹…　③胥…　Ⅲ. ①动物疾病 – 眼病 – 病案 – 手册　Ⅳ. ① S857.6-62

中国国家版本馆 CIP 数据核字（2023）第 079745 号

小动物眼科学案例快速回顾手册
XIAO DONGWU YANKEXUE ANLI KUAISU HUIGU SHOUCE

策　　划：林　潇　李少莉	
责任编辑：陈横宇	封面设计：曾雅明　北农阳光

出版发行：湖北科学技术出版社	电话：027-87679468
地　　址：武汉市雄楚大街 268 号	邮编：430070
（湖北出版文化城 B 座 13-14 层）	

印　　刷：河北华商印刷有限公司	邮编：072750

889×1194	1/16	8 印张	250 千字
2023 年 8 月第 1 版			2023 年 8 月第 1 次印刷
			定价：498.00 元（全 4 册）

本书如有印装质量问题　可找承印厂更换

译　委　会

主　译：胥辉豪

副主译：杨丽辉　　唐　静　　孙春雨

参　译：李启卷　　刘江渝　　宋晓静

校　对：朴雪玲　　陈子洋

主　审：金艺鹏　　林德贵　　郑小波

前言

我们试图编写一本以基于案例的方式对小动物眼科学进行全面回顾的专业图书。为此，我们列举了在全科兽医中常见的每种高发的犬猫眼科疾病。这些眼科疾病的鉴别诊断、检查技术和治疗将在具体病例中单独讨论。虽然犬和猫相关的眼科问题相似，有些甚至完全相同，但在很多病例中并没有发生这种情况。基于此，我们在"病例分类"列表中区分了犬科病例和猫科病例。有关此书中提供的鉴别诊断、检查技术及治疗的更深入信息，我们鼓励读者参阅 Kirk Gelatt 第 4 版的《兽医眼科学》(*Veterinary Ophthalmology*)（参见"延伸阅读"清单）。

唐·A. 塞谬尔森（Don A. Samuelson）

丹尼斯·E. 布鲁克斯（Dennis E. Brooks）

译者序

小动物眼科学是独立性较强的一门兽医专科方向。熟练开展眼科诊疗工作需要丰富的基础兽医知识、完善的眼科设备以及熟练的显微外科操作技术。基于我国同时满足上述条件的小动物临床医生较少，且眼科疾病在小动物临床中占有一定比例，这导致非眼科专科医生或诊疗机构无法对一些眼科疾病进行较为准确的诊治。而系统学习兽医眼科学的相关知识与操作技术需要花费大量的时间和精力，这对于广大一线小动物临床医生而言具有一定局限性。

《小动物眼科学案例快速回顾手册》(*Small Animal Ophthalmology: Self-Assessment Color Review*)以常见小动物眼科病例为导向，由美国著名眼科专家唐·A. 塞谬尔森（Don A. Samuelson）和丹尼斯·E. 布鲁克斯（Dennis E. Brooks）编著。本书将小动物常见眼科疾病相关的诊疗技术以图文并茂的形式进行描述，内容全面、简明扼要，可从本书中快速找到小动物临床中常见眼科疾病的相应诊断、治疗及预后。非常适合广大小动物临床医生自我学习及在临床工作中快速查阅与回顾。

我十分敬佩两位作者能够收集到如此全面的典型案例照片。本书的翻译过程中，承蒙金艺鹏教授、林德贵教授以及郑小波副教授的多次审校与指点，不胜感激。三位老师严谨治学的精神让我受益匪浅。此外还要感谢杨丽辉、唐静、孙春雨三位眼科兽医师以及李启卷、刘江渝、朴雪玲、陈子洋、宋晓静对翻译工作的协助。

我相信本书的出版对我国小动物眼科学的临床诊治工作可起到一定的促进作用，尤其有助于广大一线小动物临床工作者。故乐于向广大读者推荐。另外，虽然本书经过数次审校，但由于时间仓促，不足之处在所难免，诚请批评指正。

胥辉豪

2022.10.12

编著者

Kathleen P Barrie DVM, Diplomate ACVO

Gil Ben-Shlomo DVM, PhD

Sarah E Blackwood DVM

Dennis E Brooks DVM, PhD, Diplomate ACVO

Catherine M Nunnery DVM, Diplomate ACVO

Caryn E Plummer DVM, Diplomate ACVO

Don A Samuelson MS, PhD

Avery A Woodworth DVM

Department of Small Animal Clinical Sciences, College of Veterinary Medicine University of Florida, Gainesville, Flori-da, USA

致谢

本书的创作在一定程度上证明了 30 多年前由 Kirk N Gelatt 在佛罗里达州立大学开发的眼科项目取得了成功。我们二人都非常幸运地得到了 Kirk 的指导，并在他的身边与许多教师、实习医生和研究生们一起工作，他们都加入了这个项目，成为我们日益壮大的眼科大家庭的一员。特别感谢 Pat Lewis 为本书准备的大部分组织学内容，同时也特别感谢 Ashley Beattie 和 Suzanna Lewis 对本书的审查与编辑工作。

谨以此书献给我们所爱的人，他们在本书编写过程中给予我们极大的支持。特别要献给我们的母亲，Laura Katrina Samuelson 和 Betty Jane Brooks，她们都在那段时间去世了。

延伸阅读

[1] Gelatt KN (2007) (ed) *Veterinary Ophthalmology*, 4th edn. Blackwell Publishing, Ames.

[2] Maggs DJ, Miller PE, Ofri R (2008) (eds) *Slatter's Fundamentals of Veterinary Ophthalmology*, 4th edn. Saunders Elsevier, St Louis.

[3] Martin CL (2005) *Ophthalmic Disease in Veterinary Medicine*, revised and updated edn 2010. Manson, London.

[4] Miller PE (Consulting Editor), Tilley LP (Co-Editor), Smith FWK (Co- Editor) (2005) *The 5-Minute Veterinary Consult Canine and Feline Specialty Handbook: Ophthalmology*. Wiley-Blackwell, Hoboken.

[5] Stades FC, Wyman M, Boeve MH *et al. (2007) Ophthalmology for the Veterinary Practitioner*, 2nd revised and expanded edn. Schlütersche, Hanover.

病例分类

睫状体：病例 20、病例 40、病例 47、病例 48、病例 83、病例 102、病例 123、病例 135、病例 180、病例 214

结膜：病例 1、病例 2、病例 3、病例 25、病例 29、病例 41、病例 45、病例 51、病例 61、病例 68、病例 80、病例 92、病例 94、病例 101、病例 107、病例 108、病例 112、病例 114、病例 121、病例 181、病例 187、病例 204、病例 227、病例 223、病例 234、病例 235

角膜：病例 2、病例 8、病例 10、病例 12、病例 16、病例 18、病例 23、病例 24、病例 29、病例 33、病例 39、病例 41、病例 45、病例 48、病例 50、病例 55、病例 56、病例 63、病例 64、病例 65、病例 72、病例 80、病例 81、病例 86、病例 87、病例 89、病例 90、病例 91、病例 93、病例 94、病例 95、病例 96、病例 97、病例 98、病例 99、病例 100、病例 103、病例 109、病例 111、病例 112、病例 114、病例 133、病例 142、病例 168、病例 171、病例 176、病例 188、病例 196、病例 199、病例 210、病例 212、病例 213、病例 238

诊断测试：病例 1、病例 26、病例 30、病例 42、病例 94、病例 103、病例 104、病例 105、病例 106、病例 113、病例 120、病例 127、病例 128、病例 151、病例 158、病例 168、病例 206、病例 229、病例 237

眼睑：病例 6、病例 14、病例 18、病例 25、病例 32、病例 38、病例 46、病例 57、病例 58、病例 59、病例 60、病例 68、病例 69、病例 100、病例 115、病例 116、病例 117、病例 118、病例 121、病例 139、病例 167、病例 172、病例 190、病例 207、病例 212、病例 217、病例 218、病例 220、病例 231、病例 232、病例 243

眼球：病例 5、病例 10、病例 48、病例 68、病例 88、病例 110、病例 111、病例 124、病例 125、病例 126、病例 169、病例 184、病例 185、病例 194、病例 201、病例 209、病例 215、病例 225、病例 248

虹膜：病例 7、病例 10、病例 13、病例 16、病例 37、病例 40、病例 47、病例 55、病例 56、病例 72、病例 73、病例 102、病例 123、病例 132、病例 133、病例 134、病例 135、病例 136、病例 138、病例 140、病例 141、病例 144、病例 169、病例 173、病例 182、病例 191、病例 195、病例 202、病例 205、病例 214、病例 216、病例 242、病例 245、病例 246、病例 247

晶状体：病例 28、病例 31、病例 70、病例 71、病例 110、病例 111、病例 131A、病例 131B、病例 132、病例 137、病例 142、病例 143、病例 145、病例 148、病例 170、病例 174、病例 175、病例 197、病例 239、病例 240、病例 241、病例 242

各种类型：病例 17、病例 44、病例 52、病例 119、病例 138、病例 139、病例 144、病例 146、病例 154、病例 156、病例 178、病例 204、病例 224、病例 230、病例 244、病例 249、病例 250

瞬膜：病例 1、病例 68、病例 82、病例 84、病例 92、病例 139、病例 211、病例 223、病例 235、病例 236

眶周 / 眼周：病例 11、病例 15、病例 53、病例 66、病例 67、病例 119、病例 120、病例 123、病例 125、病例 126、病例 127、病例 128、病例 129、病例 130、病例 186、病例 200、病例 201、病例 218、病例 220、病例 221、病例 222、病例 226、病例 228

瞳孔：病例 9、病例 37、病例 40、病例 47、病例 84、病例 132、病例 140、病例 147、病例 182

视网膜 / 眼底：病例 9、病例 19、病例 20、病例 22、病例 27、病例 34、病例 35、病例 36、病例 43、病例 49、病例 54、病例 62、病例 66、病例 67、病例 74、病例 75、病例 76、病例 77、病例 78、病例 79、病例 85、病例 121、病例 122、病例 123、病例 126、病例 149、病例 150、病例 151、病例 152、病例 153、病例 154、病例 156、病例 157、病例 158、病例 159、病例 160、病例 161、病例 162、病例 163、病例 164、病例 166、病例 177、病例 179、病例 183、病例 189、病例 192、病例 193、病例 198、病例 202、病例 203、病例 208、病例 209、病例 219、病例 250、病例 251

巩膜：病例 4、病例 81、病例 83、病例 179

外科技术：病例 70、病例 98、病例 165、病例 186、病例 243

玻璃体：病例 21、病例 71、病例 84、病例 155、病例 164

目录

病例 1　病例 2

病例1：问题　一只9岁家养短毛猫由于右眼第三眼睑的疾病前来就诊。该猫的第三眼睑表现出突出、结膜水肿和充血的症状（图1.1）。已对患眼进行过孟加拉玫瑰红染色。

　　Ⅰ.孟加拉玫瑰红染色用于评估什么？

　　Ⅱ.该猫的结膜炎有哪些鉴别诊断？

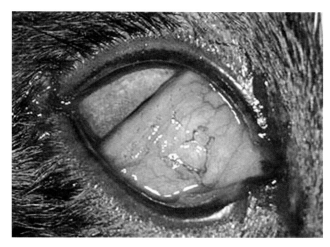

图1.1　9岁家养短毛猫右眼外观

病例1：回答　Ⅰ.泪膜的稳定性。泪膜内层的黏蛋白层在正常情况下阻止表面上皮细胞和基质被着色。如果黏蛋白层缺失，那么孟加拉玫瑰红就会着色。尽管它会着色于活细胞、死亡和退化的细胞以及黏液，但这种着色可能对正常的角膜和结膜上皮细胞的反应能力具有剂量依赖性。可购买液体形式或者浸制试纸条形式的孟加拉玫瑰红（四氯四碘荧光素）进行使用，通常使用较低的浓度（0.5%），因为较高的浓度（≥1%）可能具有刺激性。

　　Ⅱ.鉴别诊断包括疱疹病毒、衣原体、支原体和细菌感染。猫的结膜炎通常都伴随着病毒性呼吸道疾病。疱疹病毒是引起伴有结膜炎的猫呼吸道疾病的主要病因。患有慢性结膜炎的猫也可能存在猫免疫缺陷病毒阳性。通常多猫家庭中会有1只以上的猫受到感染。化学性和机械性刺激也可能引起结膜炎。异物常被认为是罪魁祸首。植物、家居内饰、地毯也可导致猫出现结膜水肿和结膜炎。家用清洁剂和肥皂被怀疑是引起猫结膜炎的病因。泪液分泌不足也是引起猫结膜炎的一个病因。其他不常见的病因还包括对局部眼药过敏、寄生虫，以及真菌感染。

病例2：问题　这只12周龄波士顿㹴犬前来进行幼犬健康检查，主人解释说他们免费获得该犬，因为它具有一双"滑稽的眼睛"（图2.1）。动物主人想了解该幼犬的眼睛有何问题。

　　Ⅰ.您要告知动物主人什么内容？

　　Ⅱ.这种情况会影响视力吗？

　　Ⅲ.有什么方法可以解决该幼犬的这种情况？

图2.1　12周龄波士顿㹴犬双眼外观

病例2：回答　Ⅰ.该犬患有先天性斜视。斜视是指对齐注视时，一只眼球相对于另一只眼球的位置出现偏差。这种情况可能为持续性或间歇性。双眼可能出现视线交叉（内斜视），也可能会出现像该犬一样的双眼外转（外斜视），以及垂直向上偏移（上斜视）或垂直向下偏移（下斜视）。

　　Ⅱ.双目视觉是一种后天反射，通常形成于生命的早期阶段。双目视觉的发展需要双眼都具备视觉能力且能正确地对齐。在双目视觉发展期间，相似的视网膜图像必须投射到双眼相应的视网膜区域。患有先天性或早发性斜视的幼犬无法接收到双目视觉发展所必需的视觉视网膜刺激，因此缺乏真正的立体视觉。双眼无法同时聚焦在同一像点上，而大脑会忽视来自偏离眼的输入，最终导致视力的丢失，称为弱视。

　　Ⅲ.通过直肌移位术可对斜视进行矫正。可通过向后移动肌肉附着点来削弱肌肉，也可通过缩短肌肉或向前推进肌肉附着点来加强肌肉。此外，可将肌肉附着点移位到不同的位置，以此来改变肌肉的牵拉功能。该幼犬除了观察并未采取任何措施，斜视得到了自我矫正。

病例 3　病例 4

病例 3：问题　一只 7 岁雌性哈士奇犬具有失明 2 天的病史。在过去的 1 个月内，它的虹膜颜色由蓝色变为棕色（葡萄膜炎导致）（图 3.1）。该犬还存在鼻部色素减退（图 3.2）和视网膜瘢痕（图 3.3）。

　　Ⅰ. 该病例最可能的诊断结果是什么？

　　Ⅱ. 哪些犬种易患该病？

　　Ⅲ. 有哪些治疗方案？

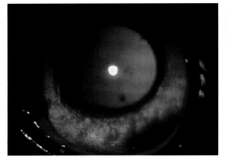

图 3.1　7 岁雌性哈士奇犬虹膜变色

图 3.2　鼻部色素减退

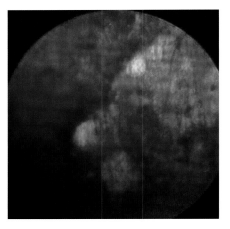

图 3.3　视网膜瘢痕

病例 3：回答　Ⅰ. 诊断为葡萄膜皮肤综合征（UDS）。犬的该综合征类似于人类的小柳原田综合征（VKH）。这种针对黑色素的免疫介导性疾病的特征为双眼严重的全葡萄膜炎以及低眼压，并伴有继发性白内障、青光眼、视网膜脱离和失明。经常可见虹膜和视网膜色素脱失，以及面部与口鼻处出现白发症 / 白癜风。根据临床病变和犬种做出诊断。皮肤活检有助于确诊该病。

　　Ⅱ. 该病最初见于秋田犬。UDS 也在澳大利亚牧羊犬、比格犬、巴西菲勒犬、松狮犬、腊肠犬、金毛寻回猎犬、爱尔兰长毛猎犬、英国古代牧羊犬、圣伯纳犬、萨摩耶犬、喜乐蒂牧羊犬和哈士奇犬中被诊断出。

　　Ⅲ. 对该病的初始治疗是口服免疫抑制剂量的强的松外加硫唑嘌呤或环磷酰胺。5 周后逐渐减量，此时开始口服强的松。大多数犬需要同时使用低剂量的硫唑嘌呤和强的松来控制病情。局部使用抗炎药物和阿托品治疗葡萄膜炎（见病例 12）。仔细检测患眼是否出现继发性青光眼。该病例随着治疗，鼻部再次色素化且葡萄膜炎消退（图 3.4）。

图 3.4　治疗后，患犬鼻部再次色素化且葡萄膜炎消退

病例 4：问题　一只 7 岁挪威森林猫的主人最近发现其右眼的颜色发生改变（图 4.1）。这只近乎白化病的患猫之前双眼虹膜均为正常的蓝色。然而，右眼虹膜的颜色在过去 1 周内发生了改变，变为了带绿的橙色。瞳孔周围原本明显色素沉着的边缘已经出现了显著褪色。虹膜颜色变化的两种主要鉴别诊断是什么？

图 4.1　7 岁挪威森林猫右眼虹膜变色

病例 4：回答　鉴别诊断是前葡萄膜炎和眼内肿瘤。患有前葡萄膜炎的眼睛也可能表现出低眼压、房水闪辉、瞳孔缩小、结膜水肿、前房积脓、角膜后沉积物和（或）虹膜粘连。为了提供炎症病因的诊断线索，完整的体格检查和眼部检查非常重要。眼内黑色素瘤和淋巴瘤常见于猫，也可能引起虹膜颜色的变化。

病例 5　病例 6

病例 5：问题　一只 9 岁已绝育母犬出现这种单侧眼问题（图 5.1）。

Ⅰ.描述临床症状。

Ⅱ.您会做何诊断？

Ⅲ.有哪些可能的病因？

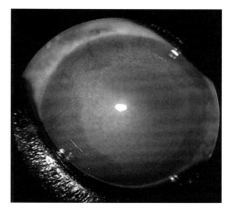

图 5.1　9 岁绝育母犬单侧眼外观

病例 5：回答　Ⅰ.眼部症状为结膜中度充血并伴随整个角膜圆周区域（360°）血管形成。可见严重的弥漫性角膜水肿，但仍能观察到一暗色肿块覆盖前房。泪液测试正常、无炫目反射或间接瞳孔对光反射，角膜荧光素染色为阴性。

Ⅱ.这些临床症状与青光眼相符，并通过眼压测量确诊（眼压为 35 mmHg）。眼部超声检查显示在前房内有一肿块贴附虹膜。该肿块疑似为葡萄膜黑色素瘤，因为葡萄膜黑色素瘤是犬最常见的原发性眼内肿瘤。摘除该眼球后通过组织病理学确诊（图 5.2）。

Ⅲ.葡萄膜黑色素瘤通常见于犬的单眼，很少转移，对眼球具有破坏性，往往起源于前葡萄膜。可能会由于肿瘤介导性葡萄膜炎以及虹膜角膜角的肿瘤性闭塞而继发出现青光眼。

图 5.2　患眼组织病理学切片

病例 6：问题　这只 9 岁拉布拉多寻回猎犬由于进食困难和左眼增大而就诊（图 6.1），眼部相关症状表现为溢泪与发红，并存在角膜溃疡。右眼表现正常。在突眼侧最后臼齿的后方存在一个无色素肿块（图 6.2）。

Ⅰ.有哪些鉴别诊断？

Ⅱ.您发现在硬腭的尾侧方向也存在一个肿块，该病例最可能的诊断结果是什么？

Ⅲ.您将如何治疗这种病症？

Ⅳ.可能的预后如何？

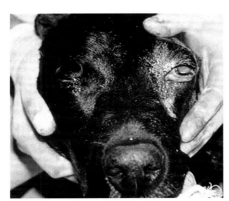

图 6.1　9 岁拉布拉多寻回猎犬左眼增大

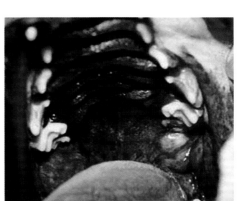

图 6.2　患犬口在突眼侧最后臼齿的后方存在一个无色素肿块

病例 6：回答　Ⅰ.眼眶脓肿、眼外肌肌肉瘤及眼眶肿瘤（见病例 9、病例 146 和病例 223）。

Ⅱ.在该病例中，眼眶肿瘤已经入侵口腔，应进行超声、计算机断层扫描/磁共振成像（CT/MRI）检查。活组织检查显示为纤维肉瘤。

Ⅲ.为了试图挽救该犬的性命，进行了眼眶剜除。

Ⅳ.预后不良，因为眼眶肿瘤通常为恶性。

病例 7 病例 8

图 7.1 成年雌性挪威森林猫双眼眯眼

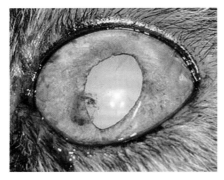

图 7.2 患猫左眼外观

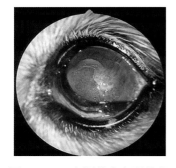

图 8.1 12 岁混种犬左眼外观

图 8.2 患眼组织病理学切片

病例 7：问题 这只成年雌性挪威森林猫因双眼眯眼前来就诊（图 7.1、图 7.2）。

Ⅰ. 描述此处的临床检查结果。

Ⅱ. 对于存在双眼葡萄膜炎的猫，列出其他可能同样存在的临床表现。

Ⅲ. 猫前葡萄膜炎有哪些更常见的病因？

病例 7：回答 Ⅰ. 右眼可见前房积血。左眼瞳孔边缘 7 点钟至 8 点钟位置有一纤维蛋白与红细胞混合的局灶性区域。双眼瞳孔大小类似。该猫双眼患有葡萄膜炎。

Ⅱ. 眼睑痉挛、结膜充血、房水闪辉、前房积脓、角膜后沉积物、虹膜充血、瞳孔缩小、虹膜颜色改变、眼压降低，以及视力下降。虹膜粘连、白内障、晶状体半脱位或脱位、脉络膜视网膜炎，以及继发性青光眼都可能见于葡萄膜炎患眼。

Ⅲ. 引起猫葡萄膜炎更常见的病因有：淋巴细胞–浆细胞性葡萄膜炎、猫传染性腹膜炎病毒、猫免疫缺陷病毒、疱疹病毒、猫白血病相关的淋巴肉瘤、创伤，以及晶状体诱发性葡萄膜炎。

病例 8：问题 一只 12 岁混种犬具有 3 周眼睑痉挛、溢泪、单眼发红及部分角膜不透光的病史（图 8.1、图 8.2）。

Ⅰ. 描述病变，您最可能做什么诊断？

Ⅱ. 哪些犬种易患该病？

Ⅲ. 该病的病理学揭示了什么？

Ⅳ. 有哪些治疗方案？

病例 8：回答 Ⅰ. 该病例存在中度的结膜充血、轻度弥漫性角膜水肿、血管化进入中央角膜区域（图 8.1）、浅表性角膜溃疡，以及背侧角膜溃疡边缘处伴有疏松的上皮唇（图 8.2）。在慢性浅表性溃疡中存在疏松上皮唇的情况表明这是一例拳师犬溃疡或惰性溃疡。

Ⅱ. 拳师犬、柯基犬、北京犬及拉萨犬。但已在超过 24 个犬种中记录了这种顽固性角膜溃疡的发病。

Ⅲ. 已经证实在惰性角膜溃疡中半桥粒数量较少，且在角膜上皮基底膜中还存在其他异常，因此，上皮与基质黏附不良。局部区域的上皮与分裂的基底膜分离，以及水肿伴随着基底膜样物质的堆积。

Ⅳ. ①第一步是使用表面麻醉以及干棉头敷料器进行清创，清除未黏附及疏松黏附的上皮。②浅表角膜格状切开术（GK）或者多点状角膜切开术（MPK）同样可加速愈合。使用一个 20 G 针头跨过溃疡床制作多个交叉的小格（"井字"），这些划痕彼此相距 1.2 mm 并进入临近的正常角膜上皮和基质内（GK），或在溃疡面前基质和相邻 1 ~ 2 mm 的健康上皮进行多处浅表性穿刺（MPK）。③使用化学的方法同样可以清除上皮，局部使用稀释的聚维酮碘或者苯酚。④通过清创和可能的角膜切开术对顽固性角膜溃疡处理后进行药物治疗，使用局部广谱抗生素滴眼液、根据需要局部给予睫状肌麻痹剂（1% 阿托品）、局部使用高渗剂（2% ~ 5% NaCl 滴眼液）来降低水肿、局部使用血清来降低泪膜蛋白酶活性。佩戴软性角膜接触镜也有助于角膜上皮的黏附。

病例 9　病例 10

病例 9：问题　一只 2 岁雄性惠比特犬左眼出现眼球突出、瞬膜突出，以及黏液脓性眼部分泌物的情况（图 9.1、图 9.2）。

Ⅰ.触诊眼球时动物有疼痛感并存在严重的睑结膜炎。下一步需要检查什么？

Ⅱ.还需要哪些其他诊断测试？

Ⅲ.该病例的诊断结果是什么，您将如何治疗该病例？

病例 9：回答　Ⅰ.在全身麻醉下进行口腔检查。在患侧最后臼齿的后方可见一软组织肿胀（图 9.3）。

Ⅱ.对取自肿胀处的液体进行培养以及获取样本进行细胞学检查。建议进行球后超声检查或者高级成像（CT、MRI）后对该区域进行探查。高级成像有助于确定该区域是否存在异物或由眼眶肿瘤所产生的骨损伤。超声检查显示球后间隙存在一个 2 cm 的低回声包膜结构，而细胞学检查发现大量嗜中性粒细胞和细菌。

Ⅲ.诊断为一例球后脓肿。治疗方法为引流。在最后上臼齿的后方切开口腔黏膜，将一把闭合的止血钳缓慢穿过翼状肌。绝不能盲目地将锋利的器械推进到该富含血管和神经的区域。上颌动脉、视神经、睫状神经均有损伤报道。建议对受累组织进行活检。对球后区域进行灌注可能会加剧眼球突出，并导致传染性微生物的扩散。在培养结果出来前建议全身使用广谱抗生素。严重的突眼可能需要进行暂时性睑缘缝合术，直到肿胀减轻。

病例 10：问题　正在对该成年猫进行诊断测试（图 10.1）。

Ⅰ.目前正在进行什么诊断测试？

Ⅱ.阐明如何开展该测试，以及为何使用该测试方法。

病例 10：回答　Ⅰ.苯酚红线（PRT）测试。

Ⅱ.在 PRT 泪液测试中，将一根 75 mm 长并浸有 pH 敏感指示剂——苯酚红的细线用于测试泪液产生量。将线头末端 3 mm 的凹陷处插入下方结膜囊内停留 15 s。碱性的泪液将淡黄色的细线染为红色。猫的 PRT 平均吸收值为 23.0 mm/15 s，约为犬 PRT 平均吸收值（34.2 ± 4.4 mm/15 s）的 2/3。因为患病动物对该测试线难以感觉或没有感觉，因此 PRT 泪液测试无须麻醉。理论上，该方法比 Schirmer 泪液测试方法动物敏感性更低、测试时间更短，能够更为精确地测试出下方结膜囊内残余泪液的体积。

图 9.1　2 岁雄性惠比特犬双眼外观

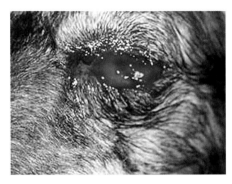

图 9.2　患犬左眼外观

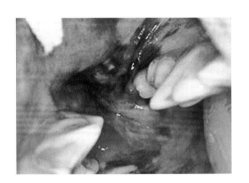

图 9.3　患侧眼最后臼齿后方可见一软组织肿胀

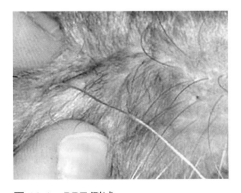

图 10.1　PRT 测试

病例 11　病例 12

病例 11：问题　一只 3 岁德国牧羊犬出现双眼第三眼睑的结膜炎（图 11.1、图 11.2）。角膜似乎并未受累，该犬无眼病史。结膜囊样本的细胞学检查结果如图所示（图 11.3）。

Ⅰ. 描述临床与细胞学检查结果。

Ⅱ. 该病例的诊断结果是什么？

Ⅲ. 最佳的治疗方案是？

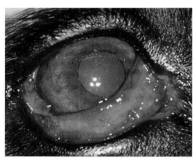

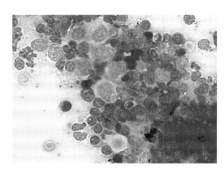

图 11.1　3 岁德国牧羊犬双眼外观　　图 11.2　患犬右眼外观　　图 11.3　结膜囊细胞学检查结果

病例 11：回答　Ⅰ. 第三眼睑充血与增厚。无角膜疾病。细胞学检查结果显示存在浆细胞、结膜上皮细胞和少量中性粒细胞。

Ⅱ. 诊断为第三眼睑浆细胞瘤，这是一种第三眼睑结膜的浆细胞浸润，在德国牧羊犬中常与角膜翳有关。浆细胞瘤在比利时牧羊犬、波索尔犬、杜宾犬和英国史宾格猎犬中同样存在双眼发病的可能性。

Ⅲ. 浆细胞瘤是一种慢性、进行性结膜疾病，在许多病例中可通过药物和（或）手术治疗得到控制，但目前无法治愈。根据患病动物疾病的严重程度和所处地理位置，需要长期治疗。除了在高海拔的地理区域外，药物治疗通常能够使患病动物保持有用的视力。药物选择及给药频率取决于病变的严重程度。每日给予 1～6 次（起效）地塞米松（0.1%）或泼尼松龙（1%）通常是首选。随着病变退行，应降低治疗强度，当在严重病例中病变对局部类固醇无反应或动物主人依从性较差时，可进行结膜下注射类固醇。环孢素 A 对于顽固性病例或作为维持治疗也较为有效。

病例 12：问题　通过裂隙灯检查证实该猫存在房水闪辉（图 12.1）。

Ⅰ. 什么是房水闪辉？

Ⅱ. 该如何治疗？

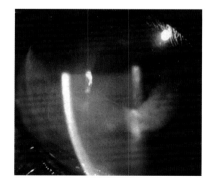

图 12.1　裂隙灯检查房水闪辉

病例 12：回答　Ⅰ. 当血 - 房水屏障遭到破坏后，富含蛋白质的房水及细胞成分在前房内堆积时发生房水闪辉。虹膜毛细血管的内皮细胞间连接减弱。闪辉看起来近似于在雾中汽车前灯照射到液滴的视觉体验。在暗室中使用裂隙灯生物显微镜或在暗室中使用直接检眼镜的小光圈最容易发现闪辉。

Ⅱ. 房水闪辉是前葡萄膜炎的特异性病征。在诊断后应立即开始局部抗炎治疗。无角膜溃疡存在时，局部使用类固醇是首选的治疗方法。醋酸泼尼松龙（1%）和地塞米松（0.1%）（Neopolydex 0.1%）是治疗前葡萄膜炎有效的局部类固醇药物。氟比洛芬和双氯芬酸钠是可以减少闪辉的局部非甾体抗炎药。全身使用非甾体抗炎药（如卡洛芬）已被证实能够减少犬葡萄膜炎的房水闪辉现象。局部使用副交感神经阻滞药（如阿托品）也可通过稳定血 - 房水屏障来减少闪辉。

病例 13　病例 14　病例 15

病例 13：问题　一只年幼白毛猫存在较长的结膜毛发（图 13.1）。

Ⅰ. 描述注意到的异常临床症状。

Ⅱ. 该病变的起源是什么？

Ⅲ. 对于这种特殊的疾病，选择何种治疗方法？

Ⅳ. 组织病理学上，这种病变有什么表现？

病例 13：回答　Ⅰ. 结膜上存在一些长的毛发，这些毛发延伸或覆盖在角膜表面并已经开始引起角膜刺激。该疾病是结膜皮样囊肿。

Ⅱ. 结膜皮样囊肿是一种良性的先天性外胚层、神经嵴和中胚层肿块。外胚层组织出现异常内陷，这导致该猫的结膜内出现了分化的真皮组织。皮样囊肿也可能含有软骨和骨骼。

Ⅲ. 手术切除。如果完全移除，那么皮样囊肿不会复发。

Ⅳ. 在该皮样囊肿中发现毛囊（图 13.2）。

病例 14：问题　您接诊到一只 4 岁魏玛犬，该犬的情况如图所示（图 14.1）。当您对该肿块进行处理后，确定该肿块主要与瞬膜有关。您通过细针穿刺采集到一种暗色、色素化的黏稠液体。

Ⅰ. 您的主要诊断结果是什么？

Ⅱ. 根据您对该肿块的了解，您将告知动物主人关于该疾病以及预后的什么内容？

Ⅲ. 您会推荐什么治疗方法？

病例 14：回答　Ⅰ. 诊断为瞬膜黑色素瘤。

Ⅱ. 尽管第三眼睑的肿瘤不常见，但往往是恶性的。第三眼睑恶性黑色素瘤切除后常见复发。转移同样常见。魏玛犬可能对这种类型的肿瘤具有品种倾向性。

Ⅲ. 减少复发的最佳治疗方法是切除肿块与第三眼睑，并对手术部位进行冷冻疗法。应拍摄胸片以评估转移的可能性。

病例 15：问题　一只 6 月龄腊肠犬前来就诊，动物主人陈述在过去 4 个月内反复出现"眼睛问题"（图 15.1）。您会给出什么诊断结果，以及该问题的病理生理学是什么？

病例 15：回答　该犬患有双行睫。双行睫是指在睑缘的睑板腺导管开口处出现单根或多根毛发。睑板腺是改良的毛囊，通常缺乏毛干的发育，而双行睫则由未分化的腺体组织发展而来。上、下眼睑均可受累，并且通常为双眼发病。双行睫经常发生于混种犬和纯种犬中，如美国可卡犬、英国可卡犬、威尔士史宾格猎犬、查理士王小猎犬、平毛寻回犬、拳师犬、英国斗牛犬、哈瓦那犬、喜乐蒂牧羊犬、西施犬、北京犬、西藏猎犬、西藏猎犬、腊肠犬、贵宾犬、杰克罗素狗犬。当患病动物的双行睫较为柔软且远离角膜时，那么该疾病的临床意义不大。硬毛摩擦角膜可引起刺激，并能引起流泪、眼睑痉挛、眼睑内翻、溢泪和角膜溃疡。如果没有放大镜和强烈的局部照明，可能难以发现双行睫。

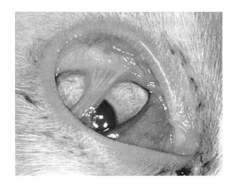

图 13.1　年幼白毛猫右眼外观

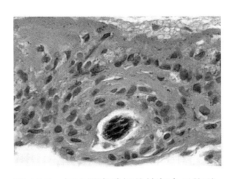

图 13.2　与皮样囊肿相关的复合异位毛发的组织学外观

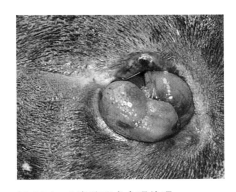

图 14.1　4 岁魏玛犬右眼外观

图 15.1　6 月龄腊肠犬右眼外观

病例 16　病例 17

图 16.1　冷冻疗法

病例 16：问题　病例 15 中的犬应选择何种治疗方法？这种治疗方法存在哪些风险？

病例 16：回答　双行睫的永久性治疗方法是通过手术破坏、移除和重新定向毛囊。手术方法有电离脱毛、电烙术、高频放射热疗、冷冻疗法、激光消融、远端睑板的部分切除、经睑结膜切开以及睑缘 Hotz–Celsus 技术。然而，所有这些方法均具有一定的局限性。所有这些方法都需要全身麻醉和足够的放大倍数（5 ~ 10 倍）来检测毛孔和毛囊。冷冻疗法是最流行的技术（图 16.1）。该方法通过毛囊正上方的结膜表面进行操作（睑缘后 3 ~ 4 mm）。使用睑板腺囊肿夹固定眼睑并将其翻转。使用氧化亚氮特异性探针进行两次冷冻 – 解冻循环来破坏毛囊，但勿损伤到临近的眼睑组织。首次在 –25℃下冷冻 60 s 后进行短暂解冻，然后二次冷冻 30 s。术后冷冻位点即刻出现显著肿胀。术前全身使用非甾体抗炎药和（或）术后局部使用类固醇 – 抗生素眼膏将有所帮助。冷冻区域将在 72 h 内发生色素减退。色素再次恢复通常需要 6 个月。

病例 17：问题　您正在对 2 只眼底正常的猫进行检查。
Ⅰ．列出通过直接检眼镜得到的这些猫正常眼底图像的解剖结构（图 17.1、图 17.2）。
Ⅱ．猫眼底血管类型的术语叫作什么？
Ⅲ．为什么在图 17.1 中毯部反射为绿色，非毯部色素化，而在图 17.2 中毯部反射为浅黄色，非毯部区域呈红色？

病例 17：回答　Ⅰ．毯部、非毯部视网膜、视网膜脉管系统、视神经乳头和脉络膜血管。围绕视盘的暗环是视网膜色素上皮和（或）巩膜中的色素。
Ⅱ．全血管型。靠近视神经乳头周围有 3 对主要的睫状视网膜小动脉和较大的小静脉。猫的视网膜血管不在视盘表面交汇。
Ⅲ．黄 – 绿色毯部是由毯部的核黄素所致，这是猫最常见的毯部颜色。而非毯部通常明显色素化。较明亮的毯部且伴随红色非毯部的眼底很可能是因为该猫具有较轻的色素化及浅色的被毛和蓝色虹膜。红色的非毯部是由于该区域在缺乏黑素细胞的情况下可见脉络膜血管。

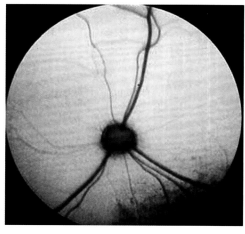

图 17.1　猫正常眼底图像

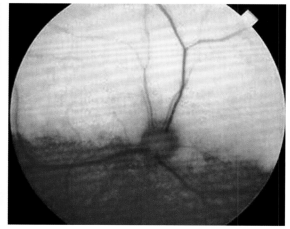

图 17.2　猫正常眼底图像的解剖结构

病例 18　病例 19

病例 18：问题　一只 4 岁棕褐色被毛的家养短毛猫表现出双眼角膜和结膜病变（图 18.1）。

Ⅰ. 描述该猫角膜的病变情况。

Ⅱ. 为了达到图 18.2 中的临床效果，将采用什么治疗方法？

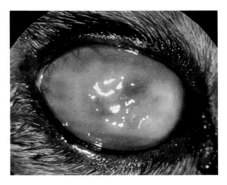

图 18.1　4 岁家养短毛猫眼部外观

病例 18：回答　Ⅰ. 存在白细胞浸润和深层的血管化，可能是病毒（很可能是疱疹病毒）感染和继发性细菌感染的结果。疱疹性溃疡可表现为线形或"树枝状"，或者像该猫一样表现为大的地理样外观。

Ⅱ. 局部使用抗病毒制剂和广谱抗生素。抗病毒药物在控制疱疹病毒性结膜炎（无角膜受累）方面的疗效尚未确定。可在严重病例中使用，但一般是不必要的，因为该病通常具有自限性。初始治疗包括局部使用 1% 三氟尿苷或者 0.1% 疱疹净（碘苷）滴眼液，每天 3～9 次。通常给药越频繁起效越快。然而，如果经常这样治疗，猫可能出现应激。阿糖腺苷局部使用有效，但该药难以获得。西多福韦（0.5%）每天 2 次局部给药对猫有效，全身和（或）局部使用 α_2-干扰素（300 U/ 猫，口服，每天 1 次；1 滴用于患眼，每天 3 次或 4 次）可能对其他治疗方法无效的猫有用。口服泛昔洛韦（62.5 mg/ 猫，每天 1 次或 2 次，给药 3 周）可有效减轻疱疹病毒的临床症状。赖氨酸（250～500 mg，口服，每天 2 次）可减少潜伏于感染猫体内的病毒复制，应考虑将其作为对易于反复发作疱疹性角膜炎的猫的长期治疗手段。如果存在角膜溃疡，建议同时局部使用广谱抗生素。减少猫的应激很重要。

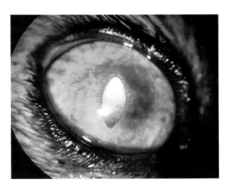

图 18.2　患眼康复效果图

病例 19：问题　一只 6 岁金毛寻回猎犬前房内出现暗黑色、圆形的肿块，主人描述该现象最近才出现（图 19.1）。这些肿块边界明显且呈游离状，裂隙灯生物显微镜可将其透照。未见溢泪或眼部疼痛的迹象。

Ⅰ. 该病例的诊断结果是什么？

Ⅱ. 可以开展其他哪些诊断测试来确诊？

Ⅲ. 该异常情况的病理生理学是什么？

Ⅳ. 您将建议哪种治疗方法？

Ⅴ. 如果不进行治疗，您会有哪些担忧？

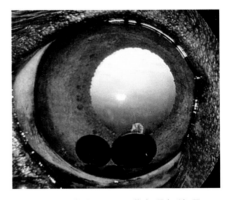

图 19.1　6 岁金毛寻回猎犬眼部外观

病例 19：回答　Ⅰ. 诊断为葡萄膜囊肿（在病例 79 中可见到具有少量色素的囊肿尚未脱离它们起源处的类似病例）。

Ⅱ. 区分葡萄膜囊肿与葡萄膜肿瘤或瘤形成最佳的诊断工具是使用裂隙灯生物显微镜透照。对肿块进行超声检查也有助于诊断。

Ⅲ. 囊肿可在创伤和（或）炎症后形成，也可能为先天性。先天性囊肿通常在数年后直到变得更加明显时才被发现。葡萄膜囊肿为良性，可游离漂浮在前房内（见病例 27 和病例 79）。它们也可黏附在前房或后房内，或者被移入玻璃体内。

Ⅳ. 许多囊肿病例无需任何治疗。然而，当存在大量游离漂浮的囊肿时，可使用结核菌素注射器连接小号针头通过角巩膜缘将其抽吸，也可使用二极管激光使其萎缩。

Ⅴ. 未经治疗的虹膜囊肿可能会干扰视力和（或）减小或关闭虹膜角膜角，导致继发性青光眼。金毛寻回猎犬的葡萄膜囊肿可能与葡萄膜炎有关。

病例 20 病例 21

病例 20：问题　一只 7 岁雌性家养短毛猫正在接受年度健康检查，检眼镜检查结果显示如图 20.1 所示。

　　Ⅰ. 描述该图像中显示的临床结果。

　　Ⅱ. 液体位于视网膜中的哪些部位之间？

　　Ⅲ. 在这只视网膜水肿的猫中，动物主人可能会注意到哪些视力变化？

　　Ⅳ. 该病例的超声检查结果可能是什么？

病例 20：回答　Ⅰ. 存在一个棕褐色到灰色、圆形到卵圆形且边界清晰的病变。这是视网膜水肿和（或）细胞渗透导致的毯部视网膜脱离的局灶区域。

　　Ⅱ. 液体和（或）细胞位于视网膜色素上皮和感觉神经性视网膜（光感受器层）之间。

　　Ⅲ. 动物主人很可能未注意到该猫的视力有任何变化。如果是视网膜完全脱离，那么动物主人可能会注意到瞳孔部分或完全散大。

　　Ⅳ. 在该眼的病灶区域可能会发现视网膜下的液体。

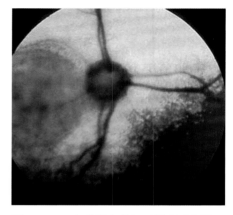

图 20.1　7 岁雌性家养短毛猫眼底图像

病例 21：问题　一只年轻的雌性硬毛猃犬左眼角膜损伤（图 21.1）。创伤伴有剧烈疼痛和眼睑痉挛。角膜已经变得水肿和略微不透光。当局部使用荧光素染色角膜时，创伤周围的大部分区域着色（图 21.2）。

　　Ⅰ. 该动物角膜损伤最可能的诊断结果和发病机制是什么？

　　Ⅱ. 可以采用什么治疗方法来解决该问题？

　　Ⅲ. 第一张图像（图 21.1）是药物治疗 24 h 后拍摄的。发生了什么？

图 21.1　雌性硬毛猃犬左眼侧面外观

病例 21：回答　Ⅰ. 该病例为溶解性角膜溃疡。角膜溃疡是一种上皮和不同程度基质丢失的病变。在蛋白酶作用下的角膜溶解和液化被称为角膜软化，常被称为"角膜溶解"。蛋白酶活跃情况下的溃疡在其边缘周围呈现出浅灰色胶状、液化外观，该情况必须与一般的角膜水肿区分。在这种情况下上皮受损严重，其作为抵御细菌和其他微生物入侵的有效屏障功能已丧失。随着感染，主要由中性粒细胞释放的蛋白酶和胶原酶对角膜胶原蛋白进行消化和溶解。

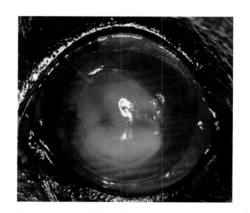

图 21.2　患眼荧光素染色照片

　　Ⅱ. ①广谱抗生素通常基于细菌培养和药敏试验结果进行给药。初始抗菌治疗建议使用庆大霉素、妥布霉素和（或）头孢唑啉。②局部使用自体血清、0.05% 乙二胺四乙酸（EDTA）和（或）乙酰半胱氨酸（5%）抑制蛋白酶和胶原酶（最初的几天每 1~2 h 使用 1 次，然后在接下来的 7~10 d 减少到每天 3~4 次）。③局部使用阿托品治疗（1%，每天 3 次）用于缓解继发性前葡萄膜炎引起的睫状肌痉挛与疼痛，并减少缩瞳所造成的虹膜粘连。④使用 360°、推进式、岛状、带蒂或桥式结膜瓣为深层角膜溃疡或后弹力层膨出提供角膜支撑。羊膜移植对溶解性溃疡非常有效。可使用暂时性睑缘缝合术和第三眼睑遮盖术，但不如结膜瓣或羊膜瓣有用。

　　Ⅲ. 角膜破裂，虹膜被突出的红色纤维蛋白所覆盖。为了挽救眼睛，必须进行手术治疗。

病例 22　病例 23

病例 22：问题　这只 1 岁的猫出现了失明。病史表明，它是以非商业性的"素食"为日粮。

Ⅰ. 描述检眼镜的检查结果（图 22.1）。

Ⅱ. 该问题的病因和病理生理学是什么？

Ⅲ. 如何治疗？

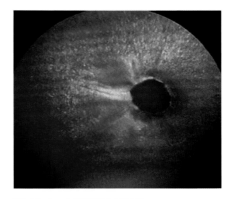

图 22.1　1 岁猫眼底图像

病例 22：回答　Ⅰ. 存在广泛性视网膜变性，视网膜血管变细与丢失，并在临近视盘的 9 点钟位置存在毯部超反射。视盘色暗。双眼视网膜变性。

Ⅱ. 这是一种营养性视网膜病变，很可能是饮食中缺乏牛磺酸所致。牛磺酸是一种猫必需的含硫氨基酸。推测牛磺酸起到一种神经递质的功能，对细胞膜起保护作用。牛磺酸视网膜病变的眼底征在 3 ~ 7 月龄时变得明显，9 月龄时明显可见视网膜完全变性。组织病理学表现为一种进行性光感受器变性，首先见于视锥细胞，随后见于视杆细胞外节。牛磺酸视网膜病变分为 5 个阶段：第 1 阶段，中央区域粗糙；第 2 阶段，视盘颞侧出现椭圆形超反射病变；第 3 阶段，视乳头鼻侧出现第 2 个超反射病变；第 4 阶段，2 个病灶合并；第 5 阶段，广泛性视网膜变性伴随视网膜血管变细和丢失。失明发生在第 5 阶段。该病例为第 5 阶段。有关早期阶段的示例请参见病例 209。

Ⅲ. 营养性或牛磺酸视网膜病变最好通过适当的饮食来预防。日粮中的牛磺酸水平为 500 ~ 750 mg/kg 被认为是预防视网膜疾病所必需的。当给予合格饮食后，早期牛磺酸缺乏对视网膜产生的影响只能部分可逆，后期则不可逆。由于牛磺酸缺乏与猫心肌病有关，因此应对检眼镜检查发现异常的所有猫进行心脏功能的评估。

病例 23：问题　这只年轻的白色家养短毛猫是一个急诊病例，它被一辆汽车撞了（图 23.1）。

Ⅰ. 最可能导致该猫损伤的病因是什么？

Ⅱ. 眼球脱出的猫（不一定是该猫）的视力预后如何？

Ⅲ. 对一只眼球脱出的猫可以进行什么简单的诊断测试来评估其视力预后？

Ⅳ. 建议如何治疗该猫？

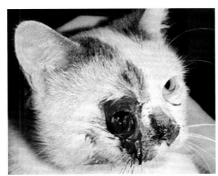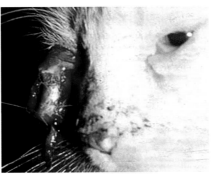

图 23.1　年轻白色家养短毛猫右眼外观

病例 23：回答　Ⅰ. 创伤。

Ⅱ. 预后不良。猫的视神经非常短，几乎不能伸展，尤其是发生外伤性眼球突出时，通常会导致视力丧失。由于受伤眼球的移动使视神经绷紧，视交叉可能受到张力，因此还必须检查未突出的正常眼球是否失明。

Ⅲ. 可以进行直接和间接瞳孔对光反射（PLR）来评估视力预后。PLR 阳性是一个好的结果。

Ⅳ. 摘除眼球是该猫唯一的手术选择，因为眼球已经塌陷，视神经似乎被撕脱。如果有可能恢复视力，那么眼球复位及药物治疗是另一种选择。药物治疗包括口服抗生素、抗炎药和止痛药，以及局部使用抗生素。

病例 24　病例 25

图 24.1　5 岁德国牧羊犬眼部外观

病例 24：问题　一只 5 岁的德国牧羊犬具有 2 d 眼睑痉挛、溢泪和眼睛上出现棕色斑点的病史（图 24.1）。动物主人与犬刚露营回来。

Ⅰ.该病例最可能的诊断结果是什么？

Ⅱ.推荐的治疗方案是什么？

病例 24：回答　Ⅰ.诊断为一例角膜异物。如果角膜在异物上方愈合，那么荧光素染色可能为阴性。

Ⅱ.治疗取决于异物穿入角膜的深度。为了确定深度，建议使用裂隙灯进行检查。深部异物（图 24.2）将位于裂隙光束的后部。去除角膜异物是为了降低疼痛感，减少感染的可能性，防止血管化和疤痕形成。小而浅表的异物使用表面麻醉和生理盐水冲洗、棉签头清创、眼科镊或针状器械的方式移除。深部异物应在全身麻醉下移除，可能需要角膜缝合和放置结膜瓣。取出异物后，局部使用广谱抗生素和阿托品来降低感染，以及控制继发性葡萄膜炎引起的疼痛。

病例 25：问题　一只 9 岁猫因为眼睛的"颜色变化"前来就诊（图 25.1）。主诉在过去的 8 个月里，她一直在为该猫治疗青光眼。

Ⅰ.该猫发生了什么？

Ⅱ.这种情况是如何发生的？

Ⅲ.这种疾病该如何治疗？

病例 25：回答　Ⅰ.该猫存在白内障性晶状体的前脱位。晶状体前脱位导致前房深度明显变浅。

Ⅱ.猫的晶状体脱位是慢性葡萄膜炎（见病例 32）或青光眼最常见的后遗症。由于猫的前房较深，因此由晶状体脱位引起的青光眼不如犬常见。前脱位导致晶状体与角膜内皮接触，导致角膜内皮受损，由于晶状体阻塞瞳孔处的房水流动而导致眼压升高，并经常持续存在葡萄膜炎。原发性晶状体脱位也可能是悬韧带虚弱所致。

Ⅲ.如果是原发性晶状体脱位，那么这种情况下进行的晶状体囊内摘除术要比继发于葡萄膜炎的脱位成功得多。在继发性脱位的患眼中，该病可能使手术结果复杂化。然而，如果视网膜功能正常，仍然建议进行手术。如果葡萄膜炎或青光眼与脱位有关，应注意治疗。

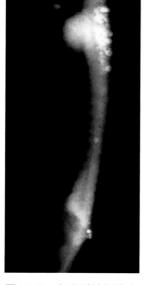

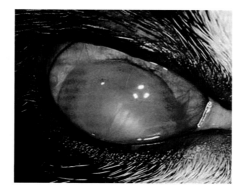

图 24.2　患眼裂隙灯检查　　图 25.1　9 岁猫眼睛变色

病例 26　病例 27

病例 26：问题　一只成年雌性柯利犬出现严重的黏液脓性鼻涕（图 26.1）。对患病动物进行了泪囊鼻腔造影术（图 26.2）。

Ⅰ. 与泪囊炎相关的临床症状是什么？

Ⅱ. 泪囊鼻腔造影术的目的是什么？

Ⅲ. 描述如何进行泪囊鼻腔造影术操作。

Ⅳ. 该犬应如何治疗？

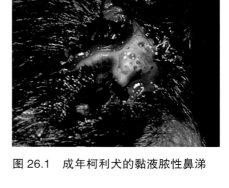

图 26.1　成年柯利犬的黏液脓性鼻涕

病例 26：回答　Ⅰ. 临床症状包括眼部分泌物、泪溢或黏液脓性分泌物、眶周内侧肿胀、眼睑痉挛及结膜炎。

Ⅱ. 鉴定鼻泪管阻塞的原因是否为炎症、感染、肿块、破裂或发育不全、泪液排出系统偏离、泪囊扩张、眼眶和鼻骨溶解。泪囊鼻腔造影术照片（图 26.2）显示泪囊和泪道扩张并伴有泪囊炎、鼻泪管阻塞和破裂。

Ⅲ. 泪囊鼻腔造影术在全身麻醉下进行。使用无菌盐水冲洗鼻泪管。将 0.5 ~ 1 mL 不透射线离子或非离子碘化造影剂通过导管插管注入鼻泪点。一旦注入造影剂，即刻进行 X 线片或 X 线透视检查，以显示鼻泪管排出系统。

Ⅳ. 应使用硅橡胶管对鼻泪管进行插管，以允许感染性物质排出和鼻泪管再次插管（图 26.3）。

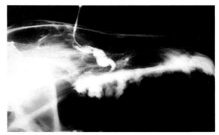

图 26.2　泪囊鼻腔造影影像

病例 27：问题　一只 3 岁已去势的家养短毛猫的主人注意到该猫的瞳孔边缘存在一个棕色的球形结构（图 27.1、图 27.2）。

Ⅰ. 该病例的诊断结果是什么？

Ⅱ. 这种情况该如何治疗？

病例 27：回答　Ⅰ. 诊断为葡萄膜囊肿。将此病例与病例 53 进行比较。在该病例中，葡萄膜囊肿非常致密，需要使用裂隙灯透照它。葡萄膜囊肿可能起源于虹膜后色素上皮或内层睫状体上皮；囊肿可为先天性或获得性。在本病例和病例 53 中，均通过球形外观、使用强烈的局部光源照射为半透明物，以及经常位于瞳孔边缘等特征识别囊肿。如果葡萄膜囊肿非常致密且色素沉着，则高频超声有助于诊断。

Ⅱ. 可使用氩激光让囊肿破裂、凝固和萎缩。

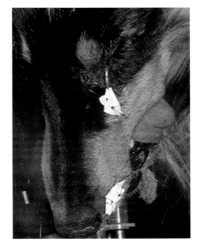

图 26.3　鼻泪管插管留置

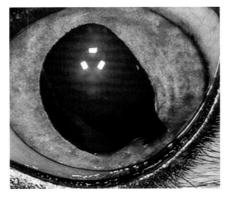

图 27.1　3 岁去势家养短毛猫眼部外观

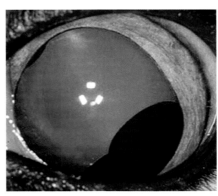

图 27.2　患眼扩瞳后外观

病例 28　病例 29

病例 28：问题　图中显示了一只 10 岁西施犬的眼底影像（图 28.1）。

Ⅰ. 该病的病理学是什么？

Ⅱ. 该病的病因和治疗方案是什么？

病例 28：回答　Ⅰ. 这是一例巨大的孔源性视网膜脱离。孔源性脱离是一种与感觉或神经视网膜各层撕裂或穿孔有关的视网膜脱离。视网膜缺损允许玻璃体和液体将神经视网膜与视网膜色素上皮分离，从而加剧了病变的面积和程度。

Ⅱ. 由视网膜撕裂引起的孔源性视网膜脱离可能为先天性（图 28.2），与柯利犬眼异常、白内障术后、视网膜发育不良有关，也可能来自青光眼。视网膜撕裂可能为局灶性或累及整个视网膜的巨大视网膜脱离。巨大的视网膜脱离常见于西施犬等品种中。可使用视网膜固定术来尝试阻止视网膜脱离的进展。

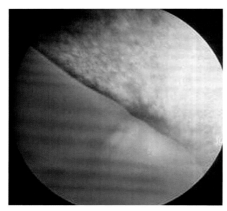

图 28.1　10 岁西施犬眼底图像

图 28.2　患眼眼底组织病理学切片

1. 视神经；2. 视网膜。

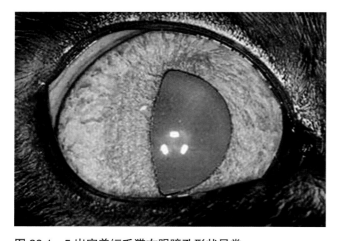

图 29.1　5 岁家养短毛猫右眼瞳孔形状异常

病例 29：问题　一只 5 岁的家养短毛猫表现出右眼瞳孔形状异常（图 29.1）。

Ⅰ. 描述该猫右眼的临床结果。

Ⅱ. 描述虹膜的神经支配方式。

Ⅲ. 该猫为何有一个 "D" 形的瞳孔？

Ⅳ. 为什么在犬中没有这种形状的瞳孔？

病例 29：回答　Ⅰ. 内、外侧虹膜处有明显的虹膜血管。虹膜看起来像字母 "D"。

Ⅱ. 副交感神经支配虹膜括约肌，交感神经支配虹膜开大肌。睫状长神经是鼻睫神经的分支，从三叉神经的眼支分支出来。它们向虹膜提供交感传出和体感传入神经纤维。这些交感神经纤维支配虹膜开大肌。动眼神经中的副交感神经纤维在睫状神经节处形成突触，然后成为支配虹膜括约肌的睫状短神经。

Ⅲ. 猫有两条来自睫状神经节的睫状短神经。颞睫状短神经为外侧，鼻睫状短神经为内侧。它们各自支配一半的虹膜括约肌。如这只猫右眼所示，内侧或鼻睫状短神经的损伤导致虹膜括约肌偏瘫或出现 "D" 形瞳孔。外侧或颞睫状短神经病变导致右眼瞳孔呈倒 "D" 形。左眼的病变是可逆的。

Ⅳ. 猫和犬的睫状短神经在神经解剖结构上有所不同。在犬中，支配虹膜括约肌的副交感神经损伤将导致瞳孔内、外侧均匀扩张。

病例 30　病例 31　病例 32

病例 30：问题　一只 14 日龄金毛寻回猎犬仔犬刚睁开眼（图 30.1）。

Ⅰ.新生仔犬和仔猫的眼睑正常开张是什么时候？

Ⅱ.眼睑过早开张有哪些风险？

图 30.1　14 日龄金毛寻回猎犬右眼外观

病例 30：回答　Ⅰ.犬和猫的睑裂通常分别在胎儿发育的中、后期封闭，并在产后 10 ~ 14 d 开张。

Ⅱ.由于出生时眼部和附件组织相对不成熟，因此出生后需要经历睑缘粘连的阶段。自然或医源性睑裂过早开张通常会导致暴露性角膜结膜炎和中度到重度的角膜溃疡。角膜破裂是一种可能的并发症。在睑裂过早开张的情况下，必须频繁地使用人工泪液软膏来保护眼表。应考虑进行暂时性睑缘缝合术并保持 10 ~ 14 d，尤其是在围产期出现睑裂开张的情况。

病例 31：问题　一只 3 岁家养长毛猫具有 2 d 眼睑痉挛、溢泪和结膜炎的病史。孟加拉玫瑰红染色于右眼，导致背侧角膜处出现一线形、分支状着色（图 31.1）。

Ⅰ.这种着色结果最可能的原因是什么？

Ⅱ.使用孟加拉玫瑰红染色的重要性是什么？

Ⅲ.该病的病因是什么？

Ⅳ.有哪些治疗方案？

图 31.1　3 岁家养长毛猫右眼孟加拉玫瑰红染色后外观

病例 31：回答　Ⅰ.在背侧球结膜上存在大面积的孟加拉玫瑰红着色是由于接触到孟加拉玫瑰红试纸条。角膜的线形树枝状着色代表该猫存在疱疹性溃疡。

Ⅱ.孟加拉玫瑰红染色用于评估泪膜黏蛋白层的稳定性。如果黏蛋白层异常，那么暴露的浅表上皮细胞和基质就可着染红色。

Ⅲ.树枝状溃疡是猫疱疹性角膜炎的特征。猫疱疹病毒 1 型是一种广泛分布的疾病，有 50% ~ 97% 的猫血清呈阳性。树枝状病变表明病毒从三叉神经节沿浅表角膜神经运动。

Ⅳ.治疗包括局部使用抗病毒制剂和广谱抗生素以控制继发性细菌感染（更多详情见病例 11 和病例 130）。

病例 32：问题　一只成年雌性暹罗猫正在接受前葡萄膜炎的治疗。复诊时注意到了当前的状况（图 32.1）。

Ⅰ.该猫当前情况的诊断结果是什么？

Ⅱ.这种情况可能的病因是什么？

Ⅲ.这种情况有哪些可能的治疗方案？

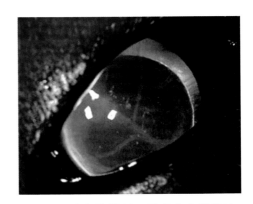

图 32.1　成年雌性暹罗猫前葡萄膜炎治疗复诊时眼部外观

病例 32：回答　Ⅰ.诊断为晶状体前脱位，通过外侧可见的无晶状体新月形确定。

Ⅱ.脱位与创伤、慢性葡萄膜炎和青光眼有关。由于炎症或巨大的机械性拉伸，使得悬韧带虚弱以至于断裂，从而使晶状体偏离正常位置。

Ⅲ.晶状体脱位的手术治疗是在眼部发生永久性改变之前进行晶状体囊内摘除术。如果未进行手术摘除，那么晶状体前脱位可导致角膜内皮受损、青光眼和视网膜脱离。晶状体后脱位可导致眼部不适和视网膜脱离。

病例 33　病例 34

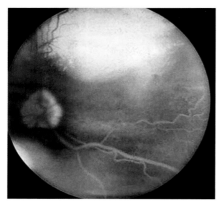

图 33.1　雄性迷你雪纳瑞犬眼底图像

病例 33：问题　这张视网膜图像（图 33.1）来自一只雄性迷你雪纳瑞犬。

Ⅰ. 视网膜血管的情况如何？

Ⅱ. 列出一些可能导致这种症状的常见全身性疾病。

Ⅲ. 该综合征通常影响单侧眼还是双侧眼？

Ⅳ. 如果怀疑该疾病，那么应进行哪些诊断测试？

Ⅴ. 这种眼部疾病的治疗方法是什么？

病例 33：回答　Ⅰ. 视网膜脂血症是由高脂血症引起的，如浅粉红色视网膜血管所示。血浆乳糜微粒过多。当非毯部视网膜上方的血管可视化时，更容易识别该疾病。

Ⅱ. 视网膜脂血症和高脂血症在迷你雪纳瑞犬中可能是原发性疾病。胰腺炎、高脂饮食、餐后、肾小球性肾病、甲状腺功能减退、糖尿病、肾上腺皮质功能亢进、肾脏或肝脏疾病是继发性高脂血症的病因。

Ⅲ. 该综合征是全身性的，因此双眼受累。

Ⅳ. 评估血常规、空腹甘油三酯和胆固醇水平。如有必要，还应进行尿液分析、甲状腺检查和库欣氏病检测。

Ⅴ. 视网膜脂血症与眼部病理学无关。原发性疾病根据诊断测试结果进行治疗。应饲喂低脂饮食。

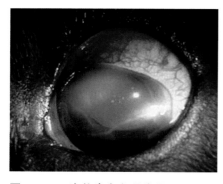

图 34.1　8 岁牧牛犬左眼外观

病例 34：问题　一只 8 岁牧牛犬具有 4 周蓝色角膜的病史（图 34.1）。

Ⅰ. 描述眼部异常。

Ⅱ. 什么原因导致 Haab's 纹出现在中央角膜？

Ⅲ. 该眼这种情况的治疗方案是什么？

病例 34：回答　Ⅰ. 巩膜外层充血。轻度弥漫性角膜水肿，Haab's 纹（线状条纹水肿），背侧晶状体半脱位，瞳孔散大。

Ⅱ. 后弹力层破裂。眼内压（IOP）不可控制地升高会拉伸眼球和角膜，导致后弹力层破裂。房水进入该区域，导致沿断裂处出现线形水肿区域。

Ⅲ. 临床症状表明该眼是青光眼。治疗方案包括内科治疗和外科治疗（见病例 81）。多种药物治疗通过减少房水的产生和减少房水流出的阻力来降低眼压。局部碳酸酐酶抑制剂（如多佐胺、布林佐胺）可减少房水生成。局部 β - 肾上腺素能拮抗剂（如噻吗洛尔、倍他洛尔）可减少房水生成。局部前列腺素（如拉坦前列素、曲伏前列素）通过葡萄膜巩膜途径增加房水排出。局部拟副交感神经药物（如毛果芸香碱、地美溴胺）的作用主要是引起睫状肌收缩，增加房水排出。口服碳酸酐酶抑制剂（乙酰唑胺，10 ~ 25 mg/kg，口服，每天 2 次；二氯苯二磺胺，5 ~ 10 mg/kg，口服，每天 2 次；甲醋唑胺，5 ~ 10 mg/kg，口服，每天 2 次）可减少睫状体产生房水。高渗药物（甘露醇，1 ~ 2 g/kg，静脉注射，每天 4 次；甘油，1 ~ 2 mg/kg，口服，每天 4 次）通过渗透性减少玻璃体体积迅速降低眼压，但仅在数小时内有效。

病例 35　病例 36

病例 35：问题　一只 7 岁已去势的家养短毛猫接受了眼科检查（图 35.1、图 35.2）。

Ⅰ. 在角膜的 3 点钟位置看到的棕褐色结构是什么？

Ⅱ. 您将如何治疗它？

病例 35：回答　Ⅰ. 虹膜，由于角膜全层穿孔而脱垂。这种情况可由深部角膜溃疡的进展或外伤引起。

Ⅱ. 可使用结膜瓣及多种移植物的方式成功治疗角膜穿孔。该照片（图 35.3）拍摄于一个月后，显示穿孔愈合良好。

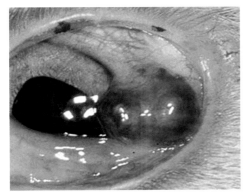 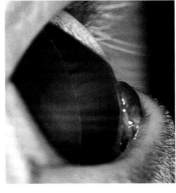 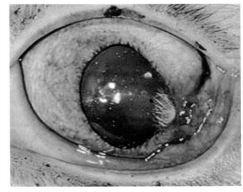

图 35.1　7 岁去势家养短毛猫左眼正面外观　　图 35.2　患眼侧面外观　　图 35.3　角膜穿孔患眼手术治疗 1 个月后外观

病例 36：问题　一只 12 岁暹罗猫存在一只疼痛的、略微增大且混浊的眼睛（图 36.1）。角膜腹侧水肿，房水闪辉，虹膜呈斑驳状。眼内压（IOP）为 45 mmHg。

Ⅰ. 该病例最可能的诊断结果是什么？

Ⅱ. 该疾病的病因是什么？

Ⅲ. 推荐什么治疗方法，视力预后如何？

病例 36：回答　Ⅰ. 诊断为葡萄膜炎诱发的继发性青光眼。

Ⅱ. 前葡萄膜炎的疤痕组织和炎性碎屑引起虹膜肿胀和虹膜角膜角堵塞。葡萄膜炎诱发的青光眼的临床症状在猫中通常较为隐蔽。因为猫不太可能表现出在犬中出现的急性、严重的角膜水肿和巩膜外层充血等症状。所有的眼部组织最终都会因眼内压升高而受到影响。

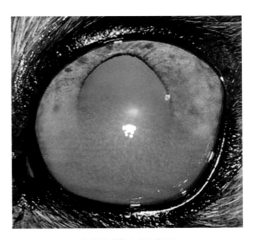

图 36.1　12 岁暹罗猫左眼外观

Ⅲ. 多种药物治疗通过减少房水生成和减少房水排出阻力来降低眼内压，局部给予 β－受体阻滞剂（0.5% 马来酸噻吗洛尔，每天 2 次）和局部碳酸酐酶抑制剂（1% 布林佐胺或 2% 多佐胺，每天 3 次），外加局部和全身给予类固醇以缓解葡萄膜炎症状，对青光眼患猫是有用的。频繁检测眼内压至关重要。当药物无法控制眼内压时，应考虑手术治疗。在功能正常的眼睛中，应移除前脱位的晶状体，以缓解瞳孔阻滞，并防止由于晶状体接触角膜内皮而造成的角膜损伤。可用二极管激光导致睫状体坏死（睫状体光凝术）来降低眼内压。房角植入物可以对已阻塞房角周围的房水进行分流以此来降低眼内压。当青光眼无法控制且视力已经丢失，须进行眼球摘除术。该眼的视力预后不良，因为葡萄膜炎可能较难控制。

病例 37　病例 38

病例 37：问题　一只 1 岁大丹犬出现眼部分泌物、结膜水肿及"樱桃眼"，并伴有瞬膜折叠（图 37.1）。

Ⅰ. 该病例的诊断结果是什么？

Ⅱ. 讨论该症状所涉及的病理生理学。

Ⅲ. 描述针对这种情况的两种矫正手术。

病例 37：回答　Ⅰ. 瞬膜软骨外翻和特发性瞬膜腺脱垂（"樱桃眼"）。

Ⅱ. "樱桃眼"的病理生理学尚不完全清楚。被认为是眶周组织和瞬膜腹侧部之间的结缔组织附着较弱所致。一旦腺体暴露，它就会因长期暴露而增大。瞬膜软骨外翻是由于瞬膜的前边缘折叠，随后后部暴露。出现这种情况的原因是瞬膜软骨后部比前部生长更快。

Ⅲ. 建议切除软骨折叠的部分，以矫正外翻的瞬膜软骨。对脱垂腺体的外科修复有两种选择：单纯地将腺体切除或将腺体复位到正常位置（图 37.2）。口袋技术复位需要在瞬膜的结膜上制作一个结膜下的口袋，口袋的两端分别保留小的开口防止形成囊肿。将脱垂的腺体包埋进口袋内。在锚定技术中，缝线穿过眶缘的骨膜组织，将腺体拉回到眶缘后面的自然位置。

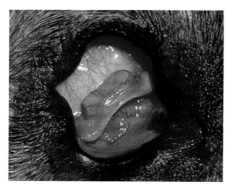

图 37.1　1 岁大丹犬右眼外观

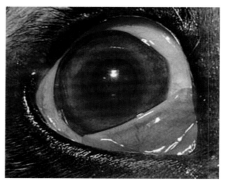

图 37.2　腺体复位到正常位置

图 38.1　使用 Schiotz 眼压计测量眼内压

病例 38：问题　测量眼内压（IOP）的一种方法是使用 Schiotz 眼压计（图 38.1）。

Ⅰ. 什么是 Schiotz 眼压计？

Ⅱ. 如何使用该设备，以及使用 Schiotz 眼压计时正常的眼内压读数是多少？

病例 38：回答　Ⅰ. 这是一款压陷式眼压计，Schiotz 眼压计的常规使用比数字眼压计更准确，且相对便宜，是一种有价值的辅助诊断手段。眼压计由角膜脚板、柱塞、固定支架、记录刻度和 5.5 g、7.5 g、10.0 g 及 15.0 g 的砝码组成。角膜脚板内的低摩擦柱塞使角膜与眼内压成比例凹陷。Schiotz 眼压计的准确性取决于临床医生和患病动物。Schiotz 眼压计不应用于患有深层溃疡的角膜。

Ⅱ. 使用 Schiotz 眼压计测量小动物的眼内压相对容易。双眼给予表面麻醉剂。将动物置于坐姿或侧卧或仰卧保定。开张眼睑，将动物的头向背侧抬起。眼压计垂直放置于角膜中央，其长度刚好足以从刻度上读取测量值。仪器提供的转换表用于确定眼内压。

使用一个 5.5 g 的砝码，在犬中如果 Schiotz 眼压计的刻度读数在 3 ~ 7 表明眼内压正常，猫正常眼内压的读数在 2 ~ 6。读数 <2 ~ 3 表示眼内压高，读数 >7 表示眼内压低。

病例 39　病例 40

病例 39：问题　一只 14 周龄的幼年雌性魏玛犬表现出与左眼相关的单侧病变（图 39.1）。

Ⅰ.描述图 39.2 中的角膜病变。

Ⅱ.该犬患有新生儿眼炎。该病的病因和治疗方法是什么？

病例 39：回答　Ⅰ.角巩膜缘周围的角膜 360° 高度血管化，伴有严重的弥漫性角膜水肿和纤维化。该病例的角膜荧光素染色呈阴性，表明不存在角膜溃疡。

Ⅱ.新生儿眼炎是由睑裂过早开张所引起的结膜和（或）角膜感染。这种感染在犬中通常与葡萄球菌性角膜结膜炎有关；而在猫中可能由猫疱疹病毒引起。感染性微生物可能通过内眦处的一个小开口进入结膜囊。新生儿眼炎的最初症状可能表现为内眦处有少量脓性分泌物和（或）轻微眼睑肿胀，这是由于上、下眼睑之间有炎性碎屑堆积。睑球粘连（结膜与角膜发生粘连）可能发生在某些新生儿眼炎的患眼中。偶尔可见角膜穿孔和虹膜脱垂。治疗的第一步是通过手动牵引小心地开张内眦处睑裂，并排出接触到角膜的所有脓性物质。热敷可能有助于分离眼睑。应使用温热无菌生理盐水或 1∶50 聚维酮碘水溶液对结膜囊和角膜进行冲洗，并清除分泌物。患眼应局部使用广谱抗生素进行治疗，每天 4 次，直到病情缓解。

图 39.1　14 周龄雌性魏玛犬双眼外观

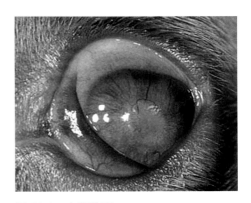

图 39.2　左眼外观

病例 40：问题　一只 3 岁雌性杜宾犬左眼角膜出现问题（图 40.1）。

Ⅰ.描述观察到的临床异常表现。

Ⅱ.该角膜病变可能与哪些全身性异常有关？

Ⅲ.这种物质沉积在角膜中的理论是什么？

Ⅳ.如果全身性异常与这种角膜疾病有关，是否有治疗方法可用于移除角膜中的这些沉积物？

病例 40：回答　Ⅰ.所见疾病为角膜脂质沉积（脂质角膜病）。在外侧周边角膜处存在一个垂直的卵圆形、白色到蓝色的不透光区域。在该疾病中通常也会存在一个更为清晰的角巩膜缘周的外周区域。角膜脂质沉积通常不伴有角膜血管化，但血管化可发生于慢性病例中。

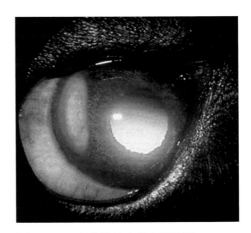

图 40.1　3 岁雌性杜宾犬左眼外观

Ⅱ.在犬中，甲状腺功能减退症、糖尿病、胰腺炎、高脂蛋白血症，以及餐后血脂升高可导致脂质角膜病。这些生化变化可以通过血液检测来评估。

Ⅲ.沉积理论是角巩膜缘周的血管将脂质沉积到角膜中，或者存在原位脂质沉积。

Ⅳ.调整为低脂饮食可能会阻止进一步的脂质沉积或减少角膜内的沉积量。如果通过血清生化分析诊断出甲状腺功能减退或糖尿病等疾病过程，那么对相关疾病进行治疗可能会阻止脂质沉积的进展或减少角膜内的混浊。角膜切除术可能清除脂质沉积，但除非确定沉积的来源，否则沉积将继续。

病例 41 病例 42

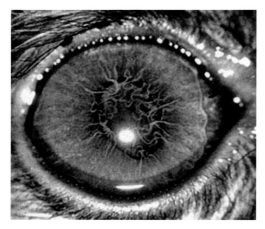

图 41.1 4 周龄幼猫眼部外观

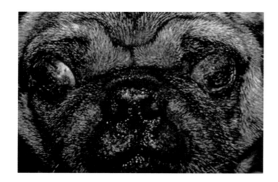

图 42.1 5 岁巴哥犬患犬双眼外观

病例 41：问题 一只 4 周龄的幼猫双眼具有这种线状病变（图 41.1）。

Ⅰ. 该病例最可能的诊断结果是什么？

Ⅱ. 为什么这些结构的颜色表现为从棕褐色到白色？

病例 41：回答 Ⅰ. 永久性瞳孔膜（PPMs）。胎儿的瞳孔被一层薄的瞳孔膜（晶状体血管膜）封闭，该膜在出生前退化。有时，该膜在出生时并未完全退化，直到 4 ～ 5 周龄仍然存在网状线结构。PPMs 罕见于猫，该情况可能出现在正常眼或多处畸形的眼中。PPMs 的大小和形状因个体而异（见病例 248）。

Ⅱ. PPMs 通常为棕色或虹膜的颜色。它们是晶状体血管膜（胎儿晶状体的一种血管结构）的残余部分，是胎儿晶状体的一种血管结构。该猫的 PPMs 仍然明显，由于血脂水平增高，PPMs 呈棕褐色到白色。

病例 42：问题 一只 5 岁巴哥犬具有双侧干眼。角膜前上皮和球结膜明显增厚。虽然双眼均无明显的溃疡，但眨眼导致剧烈的疼痛。眼睛初始发红发炎，伴有一些黏液脓性分泌物。培养法所获得的有用信息很少。认为该犬接触过某种刺激物，甚至可能患有细菌性结膜炎。最终出现了如图（图 42.1）所示的情况。

Ⅰ. 犬、猫的干燥性角膜结膜炎（KCS）最常见的病因是什么？

Ⅱ. 描述对患有 KCS 动物有用的诊断程序。

Ⅲ. KCS 最有效的治疗方法是什么？

病例 42：回答 Ⅰ. 常见病因包括樱桃眼手术中切除瞬膜腺导致医源性泪腺组织丢失；先天性和（或）与品种相关的泪腺发育不全或先天萎缩；猫的眼睑和睑板腺发育不全。慢性弥漫性结膜浸润和结膜杯状细胞破坏也可导致泪液减少。慢性结膜炎或睑缘炎可通过闭合和堵塞睑板腺导管来影响睑板腺导管开口，从而导致 KCS。局部使用阿托品、一些磺胺类药物，以及表面麻醉剂可导致 KCS。阿托品可暂时减少泪腺分泌，因此，当局部使用阿托品治疗角膜溃疡时，必须监测和记录泪液的产生。全身性使用磺胺类药物（如非那吡啶、磺胺嘧啶、柳氮磺胺吡啶）对泪腺的分泌细胞具有一定毒性且通常为永久性的影响。外伤性、感染性、医源性、肿瘤性和其他疾病引起的泪腺神经支配丢失将导致泪腺不活跃。犬的大多数 KCS 似乎是免疫介导对泪腺攻击的结果（见病例 199）。放疗也能破坏泪腺组织，引起犬的 KCS。

Ⅱ. 泪液量测试（STT）可在使用或不使用表面麻醉剂的前提下进行；患眼进行荧光染色检测是否存在角膜溃疡；使用孟加拉玫瑰红染色来评估泪膜的稳定性和黏附性。

Ⅲ. 大多数接受环孢素 A 或他克莫司治疗的患眼会增加泪液产生，尽管可能需要几周的治疗才能达到最高的 STT 水平。

病例 43　病例 44

病例 43：问题　一只成年猫右眼眼球摘除术后一个月出现如图所示的情况（图 43.1）。为了解决这个问题（图 43.2），必须进行眼眶内容物剜除术。

　　Ⅰ. 描述并定义所见的皮肤撕裂伤下方的组织。

　　Ⅱ. 描述两种眼球摘除方法以及如何预防上述并发症。

病例 43：回答　Ⅰ. 皮肤裂口下方存在一粉红色的发亮组织。该组织似乎为瞬膜的结膜。在首次眼球摘除术中应将结膜、泪腺和瞬膜移除。

　　Ⅱ. 最常用的眼球摘除术是经结膜下通路。从背侧象限开始，在距离角巩膜缘后方约 5 mm 处切开结膜。将结膜与 Tenon's 囊从眼球上钝性分离下来，确定眼外肌并在其巩膜附着处附近切断。将眼球内旋暴露视神经，使用弯止血钳夹住视神经，然后在眼球后方将其切断。随后切除 2 ~ 3 mm 的睑缘，使用可吸收缝线缝合皮下组织。使用 4-0 不可吸收单丝缝线简单间断缝合闭合眼睑。另一种技术是经眼睑通路行眼球摘除术，在术式中连续缝合闭合眼睑。在距离睑缘后方 2 ~ 3 mm 处做两个椭圆形切口，分别在内、外眦处附近连接。深度切割可识别球结膜。向前牵引眼睑有助于切割结膜，直至分离到角巩膜缘处发现巩膜。进一步向后切割以及移除眼球的操作与经结膜下通路相同。摘除眼球时应注意不要拉拽视神经。

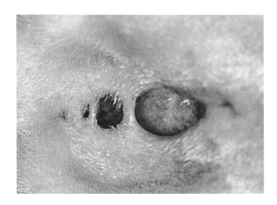

图 43.1　成年猫右眼眼球摘除术后一个月外观

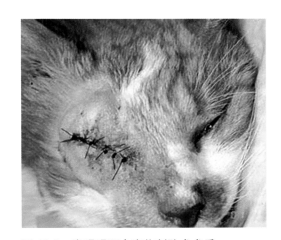

图 43.2　患眼眼眶内容物剜除术后

病例 44：问题　这只 8 岁雄性混种犬的角膜被烧伤导致角膜变性（图 44.1）。

　　Ⅰ. 什么是角膜变性？

　　Ⅱ. 角膜变性的标志性临床症状是什么？

　　Ⅲ. 描述角膜中钙化灶的外观。

　　Ⅳ. 描述角膜中脂质的外观。

　　Ⅴ. 为什么脂质和钙会沉积在角膜内？

病例 44：回答　Ⅰ. 角膜变性可由脂质、胆固醇或钙组成，其与胶原分解、角膜血管化和角膜色素沉着有关。烧伤导致了该犬角膜的退行性变化。

　　Ⅱ. 角膜血管化。

　　Ⅲ. 钙化灶呈点状、不规则、白色、位于浅表或深层、有光泽且不透光。

　　Ⅳ. 脂质呈灰白色结晶、不透光。它们可能位于角膜的浅表或深层。

　　Ⅴ. 坏死细胞释放结晶状和非结晶状脂质。成纤维细胞和角质化细胞在炎症或损伤后可能形成脂质。血管化可导致血源性脂质沉积。钙沉积常见于炎性角膜中，因为角膜中的钙水平接近饱和，pH 值或温度的微小变化容易导致钙沉淀。

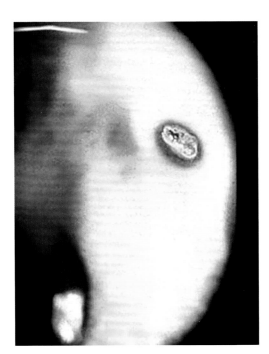

图 44.1　8 岁雄性混种犬角膜烧伤后外观

病例 45　病例 46

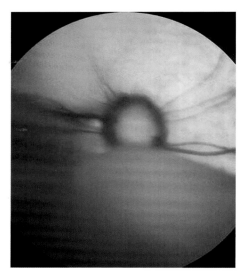

图 45.1　15 岁家养短毛猫右眼眼底图像

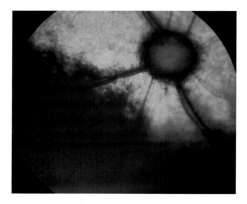

图 45.2　患眼治疗 10 d 后眼底图像

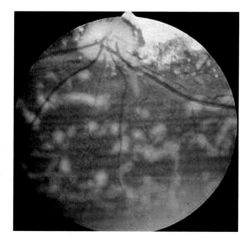

图 46.1　3 岁边境牧羊犬眼底图像

病例 45：问题　一只 15 岁家养短毛猫出现双眼急性失明。右眼眼底镜检查显示了如图 45.1 所示的情况。

Ⅰ. 描述病变。

Ⅱ. 这种病变最可能的病因是什么？治疗方法是什么？

Ⅲ. 视力恢复的预后如何？

病例 45：回答　Ⅰ. 在视神经乳头（ONH）的腹侧存在一个巨大的大疱性视网膜脱离，在 ONH 的背侧（左侧）存在一个局灶性视网膜水肿区。将该病例与病例 159 进行对比。

Ⅱ. 高血压。该猫的收缩压为 230 mmHg。治疗选择钙离子通道阻滞剂（氨氯地平，0.625 ～ 1.25 mg/ 猫，口服，每天 1 次）来降低血压。

Ⅲ. 预后取决于视网膜脱离的时长及控制血压的能力（图 45.2，10 d 后视力恢复，因为血压降低后视网膜已重新贴附）。有证据表明，猫视网膜在脱离后的第一周内开始变性。视网膜出血和水肿可通过适当的治疗来解决。

病例 46：问题　一只 3 岁边境牧羊犬患有活动性的脉络膜视网膜炎并出现失明（图 46.1）。1 d 前使用了伊维菌素。

Ⅰ. 该病例最可能的诊断结果是什么？

Ⅱ. 该疾病的发病机制是什么？

Ⅲ. 哪些品种易患该病？

Ⅳ. 治疗和预后如何？

病例 46：回答　Ⅰ. 伊维菌素诱发性脉络膜视网膜炎或中毒性脉络膜视网膜病。非毯部眼底中存在多病灶、浅灰色、圆形至线形的区域（图 46.1）。

Ⅱ. 伊维菌素是一种抗寄生虫药，可激活无脊椎动物的配体门控氯离子通道，使寄生虫瘫痪。由于血脑屏障中血管内皮细胞上的 P- 糖蛋白，使得伊维菌素的治疗水平浓度通常不会达到哺乳动物中枢神经系统的毒性水平。P- 糖蛋白阻止多种分子进入中枢神经系统。P- 糖蛋白由多重耐药基因（MDR-1）编码。具有这种突变基因的动物无法阻止伊维菌素穿过血脑屏障。

Ⅲ. 发现携带这种突变型 MDR-1 等位基因的品种包括澳大利亚牧羊犬、迷你澳大利亚牧羊犬、柯利犬、英国牧羊犬、长毛惠比特犬、英国古代牧羊犬、喜乐蒂牧羊犬和丝毛风猎犬。

Ⅳ. 治疗方案是支持性护理。动物通常在 2 ～ 10 d 内完全恢复视力，但也可能需要数周时间。恢复后可能在非毯部区域可见残余的色素破坏。严重受影响的犬可能死于呼吸 / 心血管损害。

病例 47　病例 48

病例 47：问题　一只 10 岁已绝育的母猫具有 2 个月的内眦和下眼睑内有一粉红色肿块生长的病史（图 47.1）。

Ⅰ. 对于该肿块有哪些鉴别诊断？

Ⅱ. 有哪些治疗方案？

病例 47：回答　Ⅰ. 鉴别诊断包括鳞状细胞癌（SCC）、基底细胞癌、肥大细胞瘤、纤维肉瘤、乳头状瘤、腺瘤、腺癌、纤维瘤、神经纤维瘤、神经纤维肉瘤、黑色素瘤、血管瘤、血管肉瘤和黏液肉瘤。尽管该病例的诊断结果是黏液肉瘤，但白猫或具有无色素睑缘的猫最可能患上的眼睑肿瘤是鳞状细胞癌。猫的眼睑肿瘤不太常见，但通常比犬的恶性程度更高。

Ⅱ. 眼睑肿瘤的治疗方案是外科手术治疗。由于恶性肿瘤的可能性很高，故应对整个动物进行仔细检查，并建议对局部淋巴结进行细胞学检查。广泛性手术切除和辅助治疗是首选的治疗方案。手术的目的是恢复睑缘，以及防止伴有继发性角膜炎的倒睫。辅助治疗包括冷冻疗法、β 射线照射、激光消融和温热疗法。当肿瘤面积广泛时，可能需要进行眼睑重建术。该猫使用了旋转皮瓣移植手术（图 47.2）。将上唇旋转，制作形成一个具有黏膜边缘的下眼睑。

图 47.1　10 岁绝育母猫双眼外观

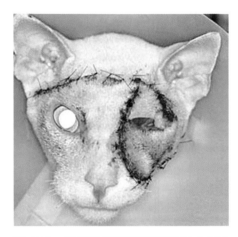

图 47.2　患猫接受旋转皮瓣移植手术术后

病例 48：问题　在这 3 张图像（图 48.1）中发现的眼部疾病的病因是什么？

病例 48：回答　每个图像均显示存在视盘缺损。患有柯利犬眼异常的柯利犬的视神经乳头缺损是视柄和视杯在胚胎期时腹侧（即胎儿）裂闭合或融合（或两者）错误所致；视乳头周围的缺损源自眼眶囊肿。柯利犬的视盘缺损可能较小，难以与较深的生理杯（图 48.1c）区分，也可能缺损的直径很大（图 48.1a）。它们可能"典型地"位于 6 点钟位置或"非典型地"位于鼻侧或颞侧视盘边缘（图 48.1b）。缺损也同样见于澳大利亚牧羊犬、喜乐蒂牧羊犬、巴辛吉斯犬、美国和英国可卡犬、诺福克㹴犬、哈士奇犬、西藏猎犬、爱尔兰塞特犬、拉布拉多寻回猎犬和金毛寻回猎犬、惠比特犬、萨摩耶犬、雪橇犬、比格犬、伯恩山犬、平毛寻回猎犬和德国牧羊犬中。

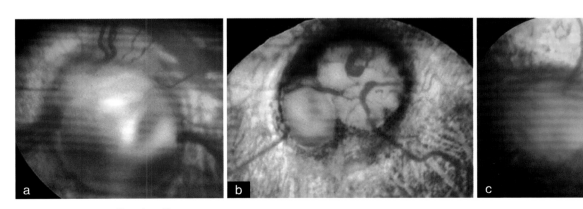

图 48.1　不同患眼的眼底图像

病例 49　病例 50

病例 49：问题　图中显示了一只 2 岁德国牧羊犬（GSD）的角膜（图 49.1）。病变始于外侧角膜，随后发展到覆盖整个角膜。

Ⅰ. 描述该病变。

Ⅱ. 您会给出什么诊断，该角膜病变的病因是什么？

Ⅲ. 治疗方法是什么？

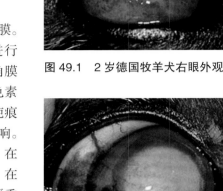

图 49.1　2 岁德国牧羊犬右眼外观

病例 49：回答　Ⅰ. 有多个隆起的红色肿块及大量血管覆盖整个角膜。

Ⅱ. 诊断为慢性浅表性角膜炎（CSK）（角膜翳）。CSK 是一种进行性、双侧性、炎性，以及具有潜在致盲性的犬角膜疾病。临床上，角膜翳初始于颞侧或颞下侧角巩膜缘处。在未经治疗的情况下血管化和色素沉着向中央发展（图 49.1），直到整个角膜变得血管化、色素沉着和疤痕化。该疾病可发生于任何犬种，其中 GSD 和灵缇犬最常受到 CSK 的影响。在海拔较高（>1500 m）的地区角膜翳的发生率和严重程度均会增加。在相当年轻（1 ~ 5 岁）的 GSD 中，病情通常进展迅速且严重。然而，在那些年龄偏大（4 ~ 6 岁）且首次发病的 GSD 中，病变似乎不那么严重且进展缓慢。灵缇犬通常在 2 ~ 3 岁发病，并且表现出较轻的病变。犬 CSK 的病因可能是一种针对病毒或角膜抗原的免疫介导性疾病。CSK 必须与其他原因（如 KCS）引起的色素性角膜炎区分开来。

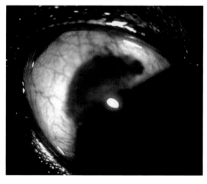

图 49.2　患眼治疗后外观

Ⅲ. 角膜翳通常可以控制，但不能治愈。初始治疗包括局部使用皮质类固醇（0.1% 地塞米松或 1.0% 泼尼松龙，每天 3 ~ 4 次，持续 3 ~ 4 周），然后减少给药次数维持治疗（图 49.2）。局部使用环孢素 A（0.2% ~ 1.0%）也是一种有效的治疗方法。

病例 50：问题　一只 8 岁腊肠犬的角巩膜缘附近的巩膜上存在一个色素性肿块（图 50.1）。部分角膜被侵袭。病灶处巩膜上方的结膜可移动。

Ⅰ. 该病例最可能的诊断结果是什么？

Ⅱ. 术后 1 d（图 50.2）出现了什么情况？

Ⅲ. 组织学结果显示了什么（图 50.3）？

病例 50：回答　Ⅰ. 诊断为黑色素瘤，可由角巩膜缘中的黑色素细胞引起，也可由侵入巩膜的眼内黑色素瘤引起。

Ⅱ. 前房出血形成的血凝块。手术切除角巩膜缘黑色素瘤并用结膜瓣遮盖。术后 6 周，前房出血消退，手术部位稳定。

Ⅲ. 发现色素细胞入侵到角膜（左侧）的基质中部水平。大部分肿瘤位于巩膜内（右侧）。

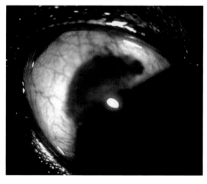 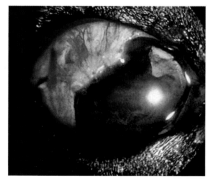 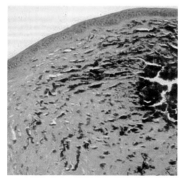

图 50.1　8 岁腊肠犬右眼外观　　　　图 50.2　患眼术后 1 d 外观　　　　图 50.3　病灶组织病理学切片

病例 51　病例 52

病例 51：问题　这只 6 岁成年猫患有初期白内障（图 51.1）。

Ⅰ. 该白内障的可能病因是什么？

Ⅱ. 与初期白内障相关的变化是什么？

Ⅲ. 哪些临床症状可能与白内障有关？

Ⅳ. 该猫有哪些治疗方案？

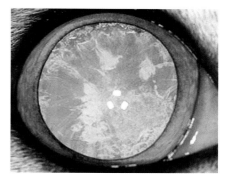

图 51.1　6 岁成年猫右眼外观

病例 51：回答　Ⅰ. 猫的白内障通常继发于创伤、前葡萄膜炎、青光眼、代谢性疾病或晶状体脱位。外伤性白内障通常为局灶性且进展缓慢。猫患糖尿病代谢性白内障的频率低于糖尿病患犬。猫的其他代谢性白内障可能与甲状旁腺功能减退引起的低钙血症有关。与晶状体脱位相关的白内障表现为弥漫性囊膜下皮质不透光。葡萄膜炎诱发性白内障同样常见于猫。

Ⅱ. 初期白内障是一种早期的白内障变化，通常与皮质、皮质下和 Y 形缝线有关（见病例 224）。

Ⅲ. 白内障的突然形成与失明有关。前葡萄膜炎引起的白内障可能与房水闪辉、虹膜前粘连、虹膜潮红，以及虹膜膨隆等临床症状有关（见病例 215）。

Ⅳ. 可局部使用类固醇治疗葡萄膜炎。如果白内障发展成熟，可通过手术摘除。

病例 52：问题　一只成年家养短毛猫的双眼出现严重的结膜肿胀（图 52.1）。右眼受到的影响比左眼严重，但双眼疼痛程度相同。眼科检查未见角膜异常。主诉该猫眼睛曾有过红肿，但从未如此严重。

Ⅰ. 猫结膜炎的常见病因有哪些？

Ⅱ. 您将如何确定该猫结膜炎的病因？

Ⅲ. 您将如何治疗该猫？

图 52.1　成年家养短毛猫双眼外观

病例 52：回答　Ⅰ. 猫疱疹病毒 1 型可频繁导致结膜炎。该病毒感染呼吸道、结膜和角膜的上皮细胞。该病最初感染幼猫，导致打喷嚏、咳嗽、流涕、发烧和全身不适。一旦被感染，病毒就会潜伏并在应激状态下复发。疱疹病毒性结膜炎可能较为严重，并导致结膜溃疡。猫衣原体是一种细胞内细菌，也是引起猫结膜炎的一种常见病因。急性感染会导致结膜炎，并可能伴有鼻涕和打喷嚏。最初为单侧性结膜炎，但经常发展为双侧性。杯状病毒是一种常见于幼猫体内的核糖核酸（RNA）病毒。该病毒对呼吸道具有特异性，但可引起结膜炎。在大多数猫中，该病毒具有自限性。

Ⅱ. 通过细胞学检查和对治疗的反应来确定。

Ⅲ. 疱疹病毒感染最好使用抗病毒药物和赖氨酸补充治疗。赖氨酸是精氨酸的竞争性抑制剂，而精氨酸是疱疹病毒的必需氨基酸。一旦感染明显，就有可能复发。复发情况可能包括结膜炎或猫可能出现特征性角膜斑块。衣原体和支原体感染通过局部和（或）口服四环素进行治疗。接种疫苗是预防疱疹病毒的最佳方法。幸运的是杯状病毒具有自限性，因为该 RNA 病毒目前尚无特异的抗病毒治疗方法。

病例 53　病例 54

病例53：问题　一只2岁已去势的暹罗猫前来进行年度检查。在瞳孔边缘观察到多个球形结构，通过这些微小的球形结构（图53.1）可观察到毯部反射。

　Ⅰ.对这些深色结构的诊断结果是什么？它们的意义是什么？

　Ⅱ.这种情况需要治疗吗？

病例53：回答　Ⅰ.这些球形结构是葡萄膜囊肿。它们可能起源于虹膜后色素上皮或内层睫状体上皮，可为先天性或后天性（图53.2）。它们是胚胎期视泡的残余物，其内含有黏性液体。葡萄膜囊肿通过其球形外观、使用强烈的局灶性光源照射时呈半透明，以及经常位于瞳孔边缘等特征被鉴别。该病例中的这些囊肿壁可能较厚，因此不易透照。肿瘤是实体的，而囊肿是中空的。虹膜囊肿可能会与早期黑色素瘤相混淆。

　Ⅱ.通常无需治疗，但当囊肿大到足以损害视力、阻碍房水流动或机械损伤角膜内皮时则可能需要治疗。侵入性最小的治疗方法是使用二极管激光让囊肿破裂和凝固。

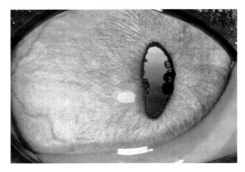

图 53.1　2 岁去势暹罗猫右眼外观　　　　　图 53.2　患眼组织病理学切片（100 倍）

病例54：问题　一只10岁玩具贵宾犬表现出进行性失明。图示为已使用散瞳剂后（图54.1）。

　Ⅰ.描述病变。

　Ⅱ.该病例的诊断结果是什么？

　Ⅲ.治疗方法是什么？

　Ⅳ.视力恢复的预后如何？

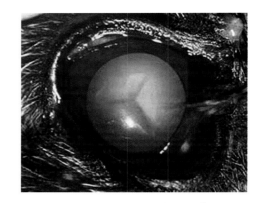

图 54.1　10 岁玩具贵宾犬右眼扩瞳后外观

病例54：回答　Ⅰ.该病例存在一个白色到蓝色的晶状体，晶状体纤维分离并沿前"Y"形缝线形成裂隙。未见毯部反射。

　Ⅱ.诊断结果为成熟期白内障。晶状体纤维肿胀，如"Y"形缝所示。将该例白内障与病例224进行比较，后者也涉及"Y"形缝。病例224的白内障处于发展中的早期或初期。

　Ⅲ.该病例的白内障是致盲的。大多数晶状体纤维已经肿胀，并开始以图100.2中所示的方式分裂。恢复视力的治疗方法是白内障超声乳化术。目前尚无药物治疗来恢复因白内障而丧失的视力。

　Ⅳ.手术治疗视力恢复的预后良好。术前强烈建议进行眼部超声和视网膜电位图检查。眼部超声用于检查视网膜脱离、后囊异常（破裂、血管残留）和眼内肿瘤。无法对患有成熟期白内障的犬进行眼底检查，因此，视网膜电位图被用于检查视网膜功能。

病例 55 病例 56

病例 55：问题 一只 11 岁雄性家养短毛印花布猫的右眼下眼睑出现巨大肿块（图 55.1）。动物主人数月前曾注意到其下眼睑有一个隆起的溃疡性区域。由于该猫饲养在户外，主人认为该经久不愈的伤口是动物自身不断刺激所致。

Ⅰ.该猫眼睑的病变需要进行哪些鉴别诊断？

Ⅱ.该病例进行了什么治疗（图 55.2）？

病例 55：回答 Ⅰ.眼睑肿瘤的诊断基于组织学检查。鳞状细胞癌（SCC）是猫最常见的眼睑肿瘤。认为 SCC 与长期暴露在光化辐射下有关，在老年白猫中最为普遍。鳞状细胞癌在临床上表现为溃疡性病变。基底细胞癌也会影响猫的眼睑。与鳞状细胞癌一样，基底细胞癌也具有溃疡的倾向，它们通常为良性。肥大细胞瘤也见于猫的眼睑，它们可表现为凸起、局灶性且通常不形成溃疡灶。猫眼睑的纤维肉瘤可表现为单发性或多中心、结节状且经常形成溃疡。猫肉瘤病毒（FeSV）可导致年轻猫出现眼睑纤维肉瘤。FeSV 诱发性肿瘤的患猫预后不良，因为这些猫的白血病病毒呈阳性。

Ⅱ.该猫使用了嘴唇边缘的旋转皮瓣来移除 SCC，如图 55.3 所示。

图 55.1 11 岁雄性家养短毛猫双眼外观

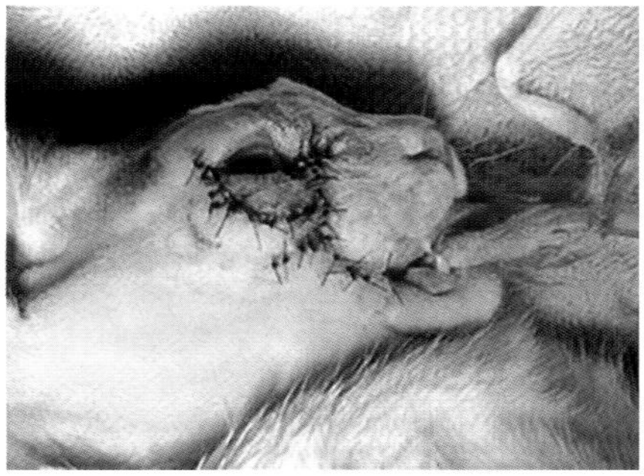

图 55.2 患眼术后外观

图 55.3 患眼术后康复外观

病例 56：问题 一只金毛寻回猎犬幼犬（图 56.1）前来进行常规检查，发现该犬具有蓝色眼底（图 56.2）。

Ⅰ.该幼犬如图 56.2 所示的眼底检查结果是否正常？

Ⅱ.该幼犬的年龄可能多大？

Ⅲ.成熟毯部的颜色和结构大约在几月龄时完全显现？

病例 56：回答 Ⅰ.正常。在 7～8 周龄时，蓝色毯部呈颗粒状。视神经和视网膜血管均表现正常。在视盘中心区域内较暗的斑点称为生理杯，也是正常的。

Ⅱ.该犬可能不到周龄。

Ⅲ.3～4 月龄。

图 56.1 金毛寻回猎犬幼犬双眼外观

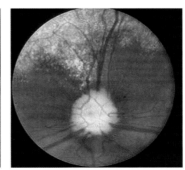
图 56.2 眼底图像

病例 57　病例 58

病例 57：问题　该猫被犬咬伤而出现了右眼眼球脱出（图 57.1）。该眼直接与间接瞳孔对光反射（PLR）均缺失。

　Ⅰ.该猫脱出的眼球视力预后如何？为什么？

　Ⅱ.眼球脱出相关的临床症状还有哪些？

　Ⅲ.脱出的眼球可能会导致哪些长期后遗症？

　Ⅳ.描述眼球复位手术的流程（图 57.2）。

病例 57：回答　Ⅰ.预后不良。正如眼球无瞳孔对光反射所示。

　Ⅱ.严重头部创伤、颅骨和眼眶骨折、角膜穿孔/溃疡和前房出血。

　Ⅲ.失明、干燥性角膜结膜炎、暴露性角膜炎、兔眼、外斜视、角膜敏感度降低、斜视、青光眼和眼球痨。

　Ⅳ.将猫全身麻醉，并使用人工泪液润滑剂来润滑眼球。将缝线水平褥式穿过睑缘，向吻侧、背侧和腹侧牵引上、下眼睑，使其位于眼球前方（图 57.2）。随后使用 4–0 单丝不可吸收缝线水平褥式缝合并配合支架进行暂时性睑缘缝合术。不应将内眦处完全闭合，以便动物主人给药。暂时性睑缘缝合术至少应保持 1 周。

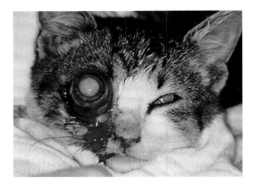

图 57.1　被咬伤猫右眼外观

图 57.2　眼球复位手术

病例 58：问题　在一只失明的犬中发现视神经肿胀（图 58.1）。该成年边境牧羊犬表现为双眼失明，被诊断为肉芽肿性脑膜脑炎（GME）继发的视神经炎。

　Ⅰ.推测 GME 的病因是什么？

　Ⅱ.哪些眼部临床症状与该病相关？

　Ⅲ.对 GME 患犬进行脑脊液（CSF）穿刺的评估会揭示些什么？

　Ⅳ.GME 的三种经典形式是什么？

　Ⅴ.哪些诊断程序最适合诊断 GME？

　Ⅵ.GME 的治疗选择是什么？

　Ⅶ.GME 患犬的视力预后和生存预后如何？

病例 58：回答　Ⅰ.GME 是一种特发性（可能为免疫介导性）非化脓性炎性疾病。GME 可能是淋巴瘤的一种罕见形式。

　Ⅱ.眼部症状包括急性失明、视乳头周围水肿、视神经炎、瞳孔散大、视网膜脱离、点状出血、葡萄膜炎和继发性青光眼（见病例 206）。

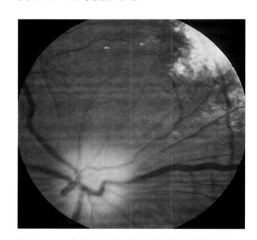

图 58.1　失明的成年边境牧羊犬眼底图像

　Ⅲ.如果血脑屏障未破坏，那么脑脊液可能是正常的，但典型的表现是脑脊液单核细胞增多以及蛋白升高。

　Ⅳ.局灶型类似于占位性肿块，其与较慢的发病和疾病进展有关；多灶型比局灶型进展更快，发病急且多灶性神经系统受累；在眼部类型方面，视神经和视网膜内有明显的非化脓性炎症浸润和肉芽肿形成。

　Ⅴ.诊断程序包括脑脊液穿刺用于细胞学和培养，以及 CT 或 MRI。GME 患病动物的 CT 扫描结果包括对比增强病变、脑积水、视神经水肿、侧脑室不对称，以及大脑镰偏斜等。

　Ⅵ.免疫抑制剂量的皮质类固醇，在数月内逐渐减量。在某些病例中，化疗药物与皮质类固醇联合使用。

　Ⅶ.视力和长期存活均预后极差。

病例 59　病例 60

病例 59：问题　这张眼底照片（图 59.1）来自一只成年澳大利亚牧羊犬，该犬被诊断为进行性视网膜萎缩（PRA）。

Ⅰ. PRA 具有哪些临床表现？

Ⅱ. PRA 患犬的临床病史是什么？

Ⅲ. 除视网膜外，眼睛的哪些其他结构会受到 PRA 的影响？

Ⅳ. PRA 的遗传特征如何？

Ⅴ. 哪种诊断测试可用于帮助确诊 PRA？

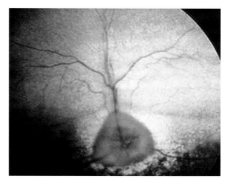

图 59.1　成年澳大利亚牧羊犬眼底图像

病例 59：回答　Ⅰ. 临床表现包括瞳孔对光反射迟缓、视网膜萎缩、毯部超反射、视网膜血管变细。视神经头萎缩是神经节细胞死亡所致。在该疾病的后期可见非毯部区域出现斑驳状。PRA 是一种双眼疾病。

Ⅱ. 动物主人注意到患犬夜间视力（夜盲症）的变化，随着时间的推移，夜间视力变得越来越差。最终，动物主人也注意到动物的明视觉丢失。这些变化可能会持续数月至数年，直到犬失明。

Ⅲ. 一些 PRA 患犬具有玻璃体变性和液化。由于视网膜毒素从变性的视网膜向前迁移到晶状体后部，因此白内障也常见于 PRA 中。

Ⅳ. 该病的遗传性从常染色体隐性遗传到显性遗传各异，并有品种倾向性。可对多个犬种进行基因检测。

Ⅴ. 视网膜电位图可用以评估视网膜功能。早期变化显示 b 波振幅降低，而潜伏期正常。在 PRA 中，视杆细胞首先受到影响，然后是视锥细胞。

病例 60：问题　该幼猫表现为双眼眯眼（图 60.1、图 60.2）。

Ⅰ. 曾报道过哪些家养品种出现这种眼睑症状？

Ⅱ. 这种情况通常是单侧眼还是双侧眼？

Ⅲ. 患有这种眼睑问题的猫的临床症状有哪些（以图 60.2 作为指南）？

Ⅳ. 这种眼睑疾病可能与哪些其他发育异常有关？

Ⅴ. 用于纠正此问题的经典外科技术是什么？

Ⅵ. 有哪些常见并发症，需要通过手术修复来纠正？

图 60.1　患猫双眼外观

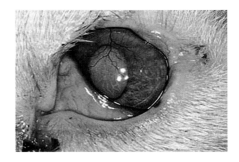

图 60.2　患猫左眼外观

病例 60：回答　Ⅰ. 该猫患有眼睑发育不全，该疾病在家养短毛猫、波斯猫和缅甸猫中均有报道。

Ⅱ. 该病通常为双眼。

Ⅲ. 发育不全（或缺损）区域是指睑缘发育异常的区域，通常出现在上眼睑的外侧部分，如图 60.2。患病动物可发展成为暴露性角膜炎、暴露引起的角膜溃疡、倒睫、暴露或溃疡继发的血管反应、干眼症以及继发性感染。

Ⅳ. 脉络膜和视神经缺损。也可能存在永久性瞳孔膜和视网膜发育不良。

Ⅴ. Roberts 和 Bistner 术式是经典的外科术式，其中将皮瓣、眼轮匝肌和睑板从下眼睑旋转到上眼睑以代替缺损处。Dziezyc 和 Millichamp 对这项技术进行了改良，在缺损处还旋转了一个瞬膜蒂，以此为新形成的睑缘内侧提供结膜。

Ⅵ. 旋转皮瓣所形成的上眼睑的毛发可能会触碰到角膜。

病例 61　病例 62

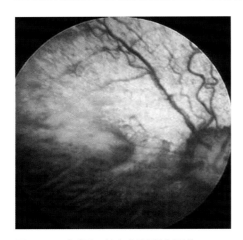

图 61.1　年轻柯利犬左眼眼底图像

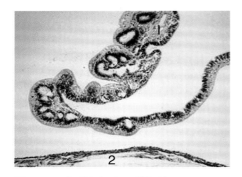

图 61.2　患眼组织病理学切片
1. 视网膜；2. 脉络膜。

病例 61：问题　图 61.1 显示了一只患有柯利犬眼异常（CEA）的年轻柯利犬的左眼眼底影像。什么是 CEA？

病例 61：回答　CEA 是一种单纯的常染色体隐性遗传疾病，其表达因犬而异。该疾病影响双眼，尽管病变可能存在不对称性。这种疾病通常为非进展性，尽管具有缺损的眼睛可罕见地进展到视网膜脱离。报告显示大约 85％的柯利犬（粗毛 / 顺毛）受到临床影响，但该数字正在下降。5％～ 10％的喜乐蒂牧羊犬患有 CEA。

眼科检查可发现小眼畸形、位于视盘（图 61.1）稍上方和颞侧的局灶性脉络膜发育不全、视盘缺损、巩膜扩张及视网膜脱离。该幼犬的视网膜与脉络膜分离（图 61.2）。脉络膜发育不全看起来像是在视盘背侧和外侧存在大小不等的"苍白"区域。这是视网膜色素上皮和脉络膜色素减退、毯部发育不全和脉络膜发育不全的区域。在所有 CEA 患眼中均可发现脉络膜发育不全的情况。视网膜发育不全的区域发生萎缩。缺损是指累及视网膜各层、脉络膜、巩膜和视神经的严重凹陷或孔洞，大约在 30％的 CEA 患犬中可见。巨大的视盘缺损与视力缺陷有关，并可能进展为视网膜脱离。5％～ 10％的病例存在视网膜脱离。3％～ 4％的 CEA 患眼中可见视网膜或玻璃体出血。

病例 62：问题　一只 3 岁雌性腊肠犬具有 12 h 蓝眼、疼痛和视力差的病史。检查时发现中度至重度的角膜水肿和瞳孔大小不等（图 62.1、图 62.2）。
Ⅰ. 急性角膜水肿需要进行哪些鉴别诊断？

Ⅱ. 哪些额外诊断可能有所帮助？
Ⅲ. 治疗方案有哪些？

病例 62：回答　Ⅰ. 鉴别诊断包括角膜溃疡、青光眼、前葡萄膜炎和晶状体前脱位（见病例 34 和病例 116）。
Ⅱ. 中度至重度的角膜水肿难以检查眼睛内部。在该犬中，裂隙光束是发现前方脱位晶状体边缘的关键。眼部超声可帮助确定晶状体的位置。
Ⅲ. 内科与外科方法均可治疗晶状体前脱位。如果存在角膜水肿，通常建议进行晶状体囊内摘除术。

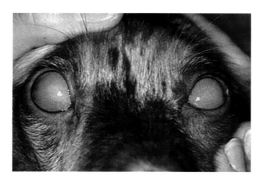

图 62.1　3 岁雌性腊肠犬双眼外观

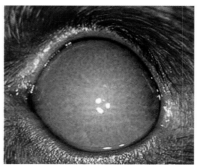

图 62.2　患犬左眼外观

病例 63　病例 64

病例 63：问题　一只 3 岁黑色雄性家养短毛猫出现瞳孔广泛散大（图 63.1）。动物主人觉得该猫好像失去了视力。她在过去的一天里注意到了这些变化，并想知道这是否与该猫最近治疗尿路阻塞有关。该猫对威胁反射没有反应，瞳孔对光反射缓慢且不完全。检眼镜检查显示毯部超反射以及视网膜血管明显变细（图 63.2）。毯部底部也可见散在的锈色斑点。该猫视网膜变性有哪些鉴别诊断？

 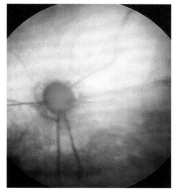

图 63.1　3 岁雄性家养短毛猫双眼外观　　图 63.2　患眼眼底图像

病例 63：回答　猫视网膜变性与遗传性、特发性、毒性或牛磺酸缺乏有关。据描述曾在阿比西尼亚猫中出现视杆 - 视锥细胞发育不良以及视杆 - 视锥细胞变性，前者最早发生于出生后 1 个月，后者始于 1.5 ~ 2.0 岁，随后 2 ~ 4 年逐渐发展到完全失明。牛磺酸是猫的基本饮食需求，因为猫无法从其前体半胱氨酸合成牛磺酸。牛磺酸是一种细胞膜稳定剂和神经递质，高度集中于光感受器内。因此，牛磺酸缺乏将导致视网膜变性。

该猫曾使用恩诺沙星治疗尿路阻塞，最近发现恩诺沙星与一种罕见的不良眼毒性有关，导致猫出现急性、不可逆的视网膜变性。据报道，该不良反应的发生率为 0.0008%（即 122 414 只接受治疗的猫中有 1 只发生不良反应）。建议遵守制造商目前推荐的猫口服恩诺沙星 2.5 mg/kg，每天 2 次，但该剂量对于一些老年猫可能仍然偏高。一旦观察到瞳孔散大和失明，即使停用恩诺沙星，视力恢复的可能性也很小。已证明马波沙星对猫没有毒性，因此使用马波沙星更安全。

病例 64：问题　该犬在接受了 3 周的浅表性溃疡治疗未见进展后，被转诊给兽医眼科医生（图 64.1）。在检查中观察到视轴区存在浅表性溃疡（约占角膜表面大小的 30%）。

Ⅰ．描述自发性慢性角膜上皮缺损（SCCED，也称为惰性角膜溃疡或"拳师犬溃疡"）的病理生理学。

Ⅱ．您将如何诊断 SCCED？

病例 64：回答　Ⅰ．SCCED 是一种慢性浅表性上皮溃疡，无法通过正常的伤口愈合过程恢复。几乎每一个犬种都有该病的记录。疾病的初始症状在犬中很可能是轻微的浅表创伤。组织学检查显示上皮与下方的

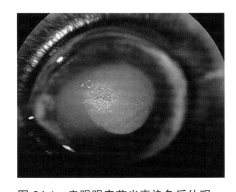

图 64.1　患眼眼表荧光素染色后外观

角膜基质连接不良，有证据表明上皮结构发育不良或丧失。出现不同数量的基质纤维增生、血管化和白细胞浸润。暴露的基质表面要么缺乏上皮基底膜，要么只有小而不连续的基底膜片段。SCCED 表面存在由胶原纤丝与边界不清无定形或细纤维状材料和纤维蛋白混合而成的透明化脱细胞区。

Ⅱ．任何患有浅表性不愈合溃疡的中老年犬都应考虑 SCCED。不愈合溃疡的潜在病因包括眼睑异常（如眼睑肿瘤、异位睫、眼睑内翻和兔眼）、异物、感染、泪膜异常、眼睑构造不良导致的暴露、眼睑麻痹、神经营养性角膜炎、突眼或牛眼，或角膜水肿导致的大疱性角膜病。如果在疏松或多余上皮边缘的浅表性溃疡中（如荧光素染色在看似完整的上皮下方聚集）未发现导致不愈合的潜在病因，则可以诊断为 SCCED。

病例65　病例66　病例67

图 65.1　点状角膜切开术

图 65.2　格状角膜切开术

病例 65：问题　您将如何治疗图 64.1 中的犬？

病例 65：回答　在给予表面麻醉剂后，使用干燥、无菌棉签对疏松的上皮进行清创，该操作可间隔 21 d 重复进行。待上皮清创后，可使用 20 G 针头进行点状（图 65.1）或格状角膜切开术（图 65.2）来辅助黏附。浅表性角膜切除术更具侵入性，需要全身麻醉且可能会造成更明显的疤痕，但在大多数病例中可获得成功。在上述任何一种操作后佩戴软性角膜接触镜都将减少来自眼睑的摩擦刺激，提升舒适度，将有助于愈合。应避免局部使用皮质类固醇，因为它们会降低角膜伤口愈合率并降低宿主的防御机制。药物治疗包括局部给予广谱抗生素、血清和高渗溶液（如 5% NaCl）。

病例 66：问题　这只雄性边境牧羊犬被带到诊所，该犬存在双眼瞳孔固定且散大（图 66.1）。右眼的眼底图像如图所示（图 66.2）。

Ⅰ.该病例的诊断结果和发病机制是什么？

Ⅱ.视网膜检查的临床结果是什么？

Ⅲ.该犬存在的疾病对于哪些特定品种可能存在风险？

图 66.1　雄性边境牧羊犬右眼外观

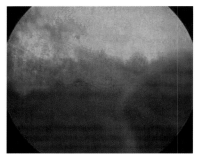

图 66.2　右眼眼底图像

病例 66：回答　Ⅰ.诊断为视神经发育不良。这种情况是视网膜神经节细胞和正常情况下形成视神经的神经节轴突完全缺失所致。

Ⅱ.视网膜检查将揭示出视神经和视网膜血管缺失。从解剖学上看，视神经完全缺失。组织学检查该区域时，可能仅观察到一小簇支持性组织。

Ⅲ.特定品种为爱尔兰猎狼犬和比格犬。

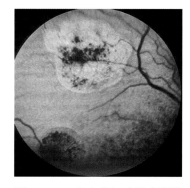

图 67.1　3 岁家养短毛猫患眼眼底图像

病例 67：问题　这是一只患有脉络膜视网膜炎的 3 岁家养短毛猫的眼底照片（图 67.1）。

Ⅰ.这些病灶是活动性还是静止性？

Ⅱ.该猫的脉络膜视网膜炎的病因是什么？

病例 67：回答　Ⅰ.根据病灶锐利而清晰的边界，推测病灶为静止性。该猫的毯部神经视网膜萎缩，表现为超反射。视网膜色素上皮受该病影响，病变中心呈色素沉着。由于视网膜水肿，脉络膜视网膜的活动性病灶具有模糊的边界（见病例 186）。

Ⅱ.芽生菌病、组织胞浆菌病、隐球菌病、猫传染性腹膜炎及分支杆菌病与猫肉芽肿性脉络膜视网膜炎有关。

病例 68　病例 69

病例 68：问题　该犬接受过青光眼手术。

Ⅰ.在该犬眼睛（图 68.1）的前房中所见，以及在插图 68.2 中展示的装置的名称和功能是什么？

Ⅱ.该类手术操作的适应证是什么？

Ⅲ.该装置设计允许的最低眼压是多少？

Ⅳ.犬植入前房植入物后常见的一种并发症是什么？

病例 68：回答　Ⅰ.这是一种 Ahmed 引流阀，该装置被设计用于绕过阻塞的虹膜角膜角，将房水分流至结膜下空间。角膜因过低的眼内压（IOP）而起皱（图 68.1）。

Ⅱ.当青光眼的眼内压对药物治疗没有反应时，通过手术的方式将这种类型的引流阀植入到青光眼患眼中。

Ⅲ.单向引流阀系统的设计允许房水在 10 ～ 12 mmHg 的压力下通过。

Ⅳ.引流管可能被纤维蛋白堵塞，因此无法将房水分流出前房。

病例 69：问题　一只犬出现干燥性角膜结膜炎和角膜感觉减退（图 69.1）。图 69.2 显示的是同一只眼睛 2 个月后的照片。

Ⅰ.根据原始症状（图 69.1）描述临床结果。

Ⅱ.角膜的感觉神经如何支配？

Ⅲ.当角膜感觉神经功能障碍时会出现什么问题？

Ⅳ.什么检查技术可用于评估角膜敏感性？

Ⅴ.什么会对角膜的感觉神经支配造成损害？

Ⅵ.对于患有这种疾病的犬，应该采取哪些常规治疗方案？

病例 69：回答　Ⅰ.在角膜视轴区存在一个粉红色至红色的肉芽组织区域。血管化呈 360°。中央病灶区周围的角膜水肿。外周角膜清晰，可见虹膜和瞳孔。

Ⅱ.睫状长神经，源自三叉神经（第Ⅴ脑神经）的眼支。

Ⅲ.眨眼反应减少，角膜前泪膜蒸发增加。角膜愈合同样减慢。

Ⅳ.应评估眨眼反射频率，因为眨眼次数减少可能表明角膜敏感性降低。可以通过用一小块棉花接触角膜来评估角膜敏感性。如果敏感性正常，患病动物将眨眼并回缩眼球，导致第三眼睑突出。也可使用 Cochet-Bonnet 触觉测量器来评估角膜敏感性。使用一根可调节的尼龙丝刺激角膜。当眨眼反射仅由短丝引起时，表明角膜感觉减弱。当长丝引起眨眼反射时，角膜感觉正常。

Ⅴ.头部创伤。这种情况也常见于短头犬和患有糖尿病的动物。

Ⅵ.使用人工泪液和血清来保护不敏感的角膜。当角膜敏感性降低时，第三眼睑皮瓣或暂时性睑缘缝合术也可对角膜提供一些保护。

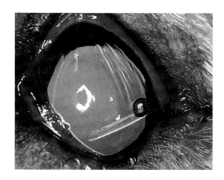

图 68.1　患眼进行青光眼引流阀植入术术后外观

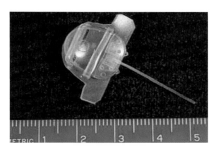

图 68.2　Ahmed 引流阀外观

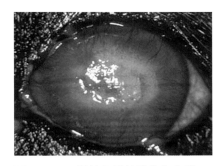

图 69.1　干燥性角膜结膜炎和角膜感觉减退的患眼外观

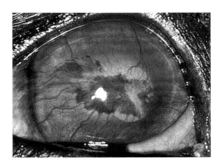

图 69.2　患眼 2 个月后的外观

病例 70　病例 71

图 70.1　15 岁患猫双眼外观

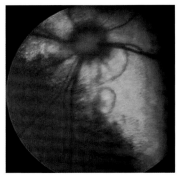

图 70.2　患眼眼底图像

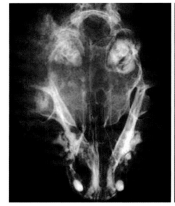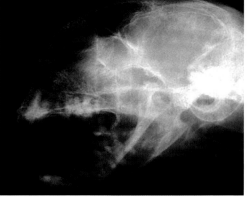

图 70.3　患猫颅部 X 线正位图像（a）和侧位图像（b）

病例 70：问题　一只 15 岁猫具有 2 周的眼球突出及第三眼睑突出（图 70.1）的病史，眼底镜检查的变化如图所示（图 70.2）。

Ⅰ. 猫眼球突出有哪些鉴别诊断?

Ⅱ. 描述该眼底病变。

Ⅲ. 猫眼眶肿瘤的预后如何?

病例 70：回答　Ⅰ. 鉴别诊断包括眼眶脓肿、眼眶蜂窝织炎、眼眶气肿、眼眶肿瘤、眶外肿瘤（窦或鼻腔）及外伤。

Ⅱ. 视神经乳头的腹侧毯部存在两个局灶性视网膜脱离区域。该猫的视网膜脱离可能是眼眶肿块的机械性压力刺激或对眼球血管的损害所致。

Ⅲ. 预后不良。大约 90% 的眼眶肿瘤为恶性。建议术前对是否存在转移进行全面检查。X 线检查（图 70.3）显示该眼眶骨肉瘤患猫的眼眶区域存在大量的骨质侵蚀。

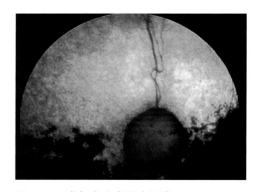

图 71.1　成年贵宾犬眼底图像

病例 71：问题　该成年贵宾犬由于夜间视力下降但白天仍具有部分视力前来就诊。

Ⅰ. 在图 71.1 中注意到哪些临床症状?

Ⅱ. 该贵宾犬最有可能的遗传病是什么?

Ⅲ. 饲养该患犬的犬主有哪些临床表述?

Ⅳ. 应进行哪些诊断测试来确诊?

病例 71：回答　Ⅰ. 可见视网膜血管变细及视神经背侧、颞侧和鼻侧的局部超反射区。视神经看起来略小且暗。

Ⅱ. 进行性视网膜萎缩（PRA）。

Ⅲ. PRA 患犬在夜间或昏暗光线下双眼视力下降（夜盲症）。瞳孔对光反射迟缓，静息时瞳孔较正常瞳孔大。PRA 患犬可能在疾病的晚期发展为继发性白内障。

Ⅳ. 视网膜电位图可对 PRA 进行评估，也可以进行血液基因检测来确定受影响的犬（见病例 59）。

病例 72　病例 73

病例 72：问题　一只 5 岁家养短毛猫在与另一只猫打架后进行了眼科检查（图 72.1）。

Ⅰ. 描述检查结果和鉴别诊断。

Ⅱ. 您将如何治疗该病？

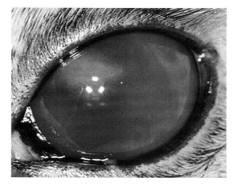

图 72.1　5 岁家养短毛猫左眼外观

病例 72：回答　Ⅰ. 存在一处角膜病变并伴有局部角膜严重水肿。存在前房积血，虹膜和瞳孔无法辨认。前房积血可由外伤、视网膜脱离、肿瘤、葡萄膜炎（由全身性疾病或其他原因导致）、凝血病、血管炎（免疫介导性或继发于立克次体病）、全身性高血压或寄生虫迁移所致，也可继发于先天性眼部缺陷（如柯利犬眼异常）。

Ⅱ. 应全身和局部给予广谱抗生素。葡萄膜炎应积极采用全身性和局部抗炎药物治疗。应局部给予阿托品以防止虹膜粘连和不适。前房可能有必要使用组织纤溶酶原激活物来消化纤维蛋白。伴有房水渗漏的角膜撕裂伤需要进行角膜缝合，并可能放置结膜瓣以封闭角膜瘘并促进愈合。晶状体受损可能导致晶状体诱发性葡萄膜炎和白内障的形成。在该病例中，前房积血在开始药物治疗 13 d 后几乎完全被清除，虹膜和瞳孔清晰可见（图 72.2）。晶状体前囊背侧存在一个小血凝块及纤维蛋白，并伴有局灶性白内障变化。一些患眼在晶状体囊膜破裂后可能会形成白内障，需要眼科医生进行手术移除。

图 72.2　患眼药物治疗 13 d 后外观

病例 73：问题　有时，被带到诊所的幼年动物的双眼大小具有显著差异。动物眼睛大小的差异通常是由于一只眼睛异常地比另一只眼睛大，偶尔也存在单眼或者双眼都明显小于正常眼。图中展示了 3 个病例（2 只幼犬和 1 只幼猫）（图 73.1），均为一只眼睛实质性大于另一只眼睛。这些动物患有什么疾病？

病例 73：回答　牛眼，常见于慢性青光眼的晚期。在幼猫和幼犬中，先天性青光眼常继发于虹膜角膜角畸形和（或）前节结构发育不全。当青光眼出现时，幼年动物的眼睛往往增大得更快、更严重。如果眼睑无法保护角膜，除眼球摘除外无其他治疗方法。

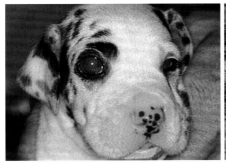

图 73.1　2 只幼犬和 1 只幼猫的双眼外观

病例 74　病例 75

病例 74：问题　在眼科检查中（如病例 21、病例 153 和病例 156）可能要使用荧光素染料（图 74.1）以确定角膜上皮的完整性。

Ⅰ.荧光素着色于角膜的哪些层次？

Ⅱ.荧光素染料在眼科中还有哪些其他用途？

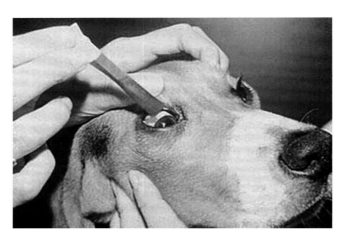

图 74.1　荧光素染色检查

病例 74：回答　Ⅰ.角膜有四层：上皮层、基质层、后弹力层和内皮层。角膜上皮是疏水性/亲脂性的，可防止荧光素任何肉眼可见的渗透。水溶性荧光素染料可着色角膜基质，但不会着色健康完整的上皮或后弹力层。当存在角膜上皮缺损或溃疡时，染料会迅速扩散进入角膜基质中。

Ⅱ.荧光素从眼睛流向鼻孔外侧以评估鼻泪管系统的通畅性（Jones Ⅰ试验）。用几滴无菌洗眼液将一条荧光素试纸条润湿，然后使其接触上方球结膜，染料通常在 5 min 内出现在犬、猫的鼻孔外侧。在猫和短头犬种中，染料可能更容易进入鼻咽部，在这种情况下，还应该检查动物的舌头和唾液。在 Seidel's 试验中荧光素也可用于检查角膜瘘、缝线渗漏和后弹力层膨出渗漏。将荧光素滴于角膜上，检查与房水稀释荧光素相关的颜色变化。泪膜破裂的时间也可用荧光素染色来评估。在角膜上滴入荧光素后，保持眼睑开张以防止眨眼，观察角膜上被荧光素染色区域中出现的暗区。如果泪膜完整性稳定，那么这些暗区出现的时间应大于 15 ~ 20 s，如果泪膜存在问题，则很快出现暗区。

图 75.1　患猫双眼外观

病例 75：问题　这只公猫（图 75.1）的主人表示不知道怎么回事，但她的猫离家几天后回到家时整个眼睛红肿，她觉得猫可能打过架。

Ⅰ.您将告诉主人她的猫出了什么问题？

Ⅱ.导致该猫出现这种情况的病因是什么？

Ⅲ.您推荐什么治疗方案？

病例 75：回答　Ⅰ.该猫双眼瞬膜腺外翻或脱垂，这种情况通常被称为"樱桃眼"。

Ⅱ.该病尤其常发生于缅甸猫中。瞬膜外翻和腺体脱垂是由腺体附近狭窄的软骨干折叠所致。软骨折叠的原因尚不清楚。有人认为，是软骨和深部眶筋膜之间的附着物退化所致。该病不仅让动物主人觉得不美观，也会使患病动物感到不适，并可能导致角膜溃疡。

Ⅲ.瞬膜腺外翻可通过手术移除或切断肥大的腺体来治疗；然而，由于切断腺体后存在泪液生成减少和干燥性角膜结膜炎的风险，一般不再推荐这种方法。本书已经描述了几种复位外翻瞬膜腺的术式。

病例 76　病例 77

病例 76：问题　一只猫表现出打喷嚏、呼吸困难、定向障碍和步态蹒跚。眼底检查揭示脉络膜视网膜炎并伴有多个轻微隆起的灰黄色渗出性病变（图 76.1）。

Ⅰ. 您会给出什么诊断结果？

Ⅱ. 描述该病及其眼部症状。

Ⅲ. 您的治疗建议是什么？

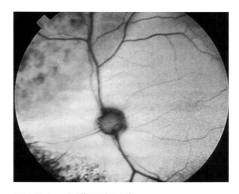

图 76.1　患猫眼底图像

病例 76：回答　Ⅰ. 根据眼底检查最可能的诊断是真菌新型隐球菌引发的肉芽肿性脉络膜视网膜炎（见图 186.2）。

Ⅱ. 真菌感染可能是吸入感染性孢子导致，这些孢子可沉积在上或下呼吸道中。真菌孢子一旦进入呼吸道，可通过血液或组织侵袭扩散。新型隐球菌可能在患猫免疫缺陷病毒和猫白血病病毒的猫中感染，犬常见于患埃立克体病以及长期使用糖皮质激素治疗的病例中。眼部感染源自血源性，或通过视神经从大脑蔓延而来。临床表现范围可从散大且无反应的瞳孔和失明到脉络膜视网膜炎、前葡萄膜炎和视网膜损伤。

Ⅲ. 虽然使用三唑类抗真菌药物后隐球菌病眼型患病动物的生存预后通常良好，但由于视网膜损伤，视力恢复预后不良。

病例 77：问题　一只年轻的成年拉布拉多寻回猎犬患有中度至重度的广泛性睑缘炎（图 77.1、图 77.2）。主诉经常能看到该犬在地毯上蹭眼睛，偶见中度溢泪。其他方面均健康，目前没有进行任何药物治疗。

Ⅰ. 解释睑缘炎可能的原因。

Ⅱ. 您如何确定该病例的病因？

Ⅲ. 针对该病的每个病因，您将如何进行治疗？

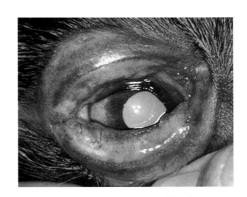

图 77.1　年轻拉布拉多寻回猎犬右眼外观

病例 77：回答　Ⅰ. 可能的病因有细菌感染、真菌感染、寄生虫感染或免疫介导性。细菌性睑缘炎最常由葡萄球菌或链球菌属引起。真菌性睑缘炎由毛癣菌属或小孢子菌属并发皮肤感染引起。寄生虫性睑缘炎可由犬蠕形螨或疥螨全身性感染引起。免疫介导性睑缘炎可见于天疱疮、葡萄膜皮肤综合征和其他免疫介导性疾病。

Ⅱ. 对眼睑进行仔细的皮肤刮片，直接进行细胞学检查（用于鉴定蠕形螨或疥螨）并在沙氏葡萄糖琼脂培养基上培养（用于鉴定毛癣菌和小孢子菌）。如果眼睑存在脓肿和渗出物，应提交进行细胞学检查、培养和药敏试验。

Ⅲ. 全身和局部采用与药敏试验结果相符的眼科抗生素来治疗细菌性睑缘炎。除局部使用咪康唑乳膏外，还可使用聚维酮碘彻底擦洗清洁患部来治疗真菌性睑缘炎。全身抗真菌药物（如酮康唑）可用于治疗顽固性慢性真菌性睑缘炎感染。蠕形螨性睑缘炎在幼犬中通常具有自限性，但可通过双甲脒浸渍或全身给予伊维菌素或米尔倍霉素来帮助康复。疥螨引起的睑缘炎的最佳治疗方法是采用石硫合剂多次浸渍和（或）双甲脒治疗。伊维菌素和塞拉菌素（间隔 30 d 用药 2 次）同样有效。免疫介导性睑缘炎采用长期全身和局部皮质类固醇治疗。更强力的免疫抑制药物，如环磷酰胺，也被用于慢性病例。

图 77.2　患犬双眼外观

病例 78　病例 79　病例 80

病例 78：问题　一只幼年缅因猫在诊所接受检查（图 78.1）。

Ⅰ.描述该图显示的临床症状。

Ⅱ.该幼年缅因猫患有哪种先天性疾病？

Ⅲ.为什么会出现这种先天性疾病？

病例 78：回答　Ⅰ.牛眼、角膜水肿及角膜炎。

Ⅱ.双眼原发性青光眼。

Ⅲ.这种双眼先天性疾病的发展是由于房水流出途径单一性发育异常或作为眼前节发育不全的一部分。

图 78.1　幼年缅因猫双眼外观

病例 79：问题　一只 2 岁雄性金毛寻回猎犬前来进行年度免疫接种。眼科检查发现其前房（图 79.1）内漂浮着一个圆形的棕色囊状结构（箭头）。

Ⅰ.该病例的诊断结果是什么？上述圆形棕色囊状结构源自哪里？

Ⅱ.这些结构有何意义？

病例 79：回答　Ⅰ.诊断为葡萄膜囊肿,常见于金毛寻回猎犬（与病例 19 比较）、拉布拉多寻回猎犬和波士顿狓犬。葡萄膜囊肿起源于虹膜后色素上皮或内层睫状体上皮（见病例 53）。

Ⅱ.葡萄膜囊肿呈圆形，通常被认为是良性。该良性囊肿的潜在并发症为青光眼（外流堵塞）和囊肿破裂（色素随后附着于角膜内皮或晶状体前囊膜）。对于患有葡萄膜囊肿的金毛寻回猎犬，需要仔细检查葡萄膜炎的症状，因为这两种疾病可能同时发生于该品种中。需要注意的是，该病例中囊肿的色素沉着的程度低于病例 19，这表明该病例的囊肿很可能来自无色素的睫状突上皮层。

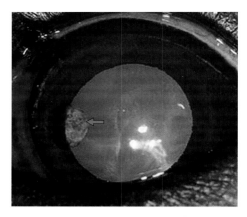

图 79.1　2 岁雄性金毛寻回猎犬左眼外观

病例 80：问题　眼科检查通常包含如图所示的诊断技术（图 80.1）。

Ⅰ.图示为何种诊断技术？

Ⅱ.该技术有哪些局限性？

病例 80：回答　Ⅰ.直接检眼镜检查法。由于在检眼镜与患眼之间没有聚光透镜，因此检查者可以直接看到患眼的光学图像。眼底图像被高度放大、真实并且正立。直接检眼镜头端提供一系列的镜片，

图 80.1　直接检眼镜检查法

可在眼内的不同深度进行聚焦。这些镜片都经过了屈光度校准并进行了颜色编码。屈光度的设置通常从 0 开始，并调整到 +3（绿色）和 –3（红色）之间从而尽可能获得清晰图像。检查时通常需要对检眼镜镜片的设置稍作调整，以聚焦患眼的视网膜和视神经。此外还可控制光斑的大小和亮度。可能还需使用一个无赤光滤器和一个钻蓝光滤片用于寻找角膜溃疡。"无赤光"（不能称之为"绿光"）滤器可通过使血液呈黑色来增强血管和出血的外观。

Ⅱ.仪器灯泡的强度相对较低会限制对混浊或部分结晶介质的穿透。由于极度放大，因此视野小，这使得检查周边眼底较为困难。缺乏立体视觉且景深有限。如果检查具有攻击性和受惊的动物，那么检查者和患病动物之间这种较近的工作距离可能具有危险。

病例 81　病例 82

病例 81：问题　一只 9 岁的暹罗猫因失明而就诊（图 81.1）。

Ⅰ. 描述该病变。

Ⅱ. 该病例最可能的诊断结果是什么？

Ⅲ. 哪些品种的猫易患该病？

Ⅳ. 这些情况的治疗方案是什么？

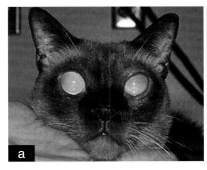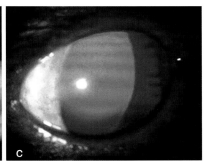

图 81.1　9 岁失明暹罗猫眼部外观

病例 81：回答　Ⅰ. 双侧瞳孔散大，存在绿色毯部和红色脉络膜光反射（图 81.1a）。当以某个角度观察双眼时，双侧瞳孔腹侧可见红色眼底光反射（图 81.1b、c）。在图 81.1c 中，通过明亮的红色眼底光反射（中央）、无晶状体新月形和紧绷的睫状突（右侧）揭示了晶状体半脱位。

Ⅱ. 对于暹罗猫来说，当出现失明且伴有瞳孔散大时，最可能的诊断是原发性青光眼。还应考虑全身性高血压和视网膜疾病。

Ⅲ. 暹罗猫、欧洲短毛猫、缅甸猫和波斯猫等品种。

Ⅳ. 原发性青光眼的治疗选择是内科治疗（见病例 34）和外科手术。青光眼的手术治疗方法包括房角分流术、睫状体消融术（图 81.2）、冷冻疗法或二极管激光疗法、眼球摘除术和眼内容物剜除术并植入假体。晶状体半脱位的治疗选择是对葡萄膜炎和眼内压升高进行药物治疗，以及对晶状体是否出现全脱位进行监测。

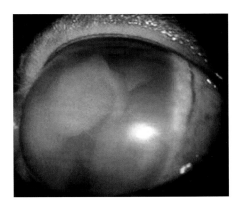

图 81.2　睫状体消融术中意外将庆大霉素注射进晶状体内导致晶状体破裂

病例 82：问题　一只相对年轻杜宾犬的玻璃体中出现这些细微的混浊（图 82.1）。这些玻璃体混浊的鉴别诊断有哪些？

病例 82：回答　玻璃体混浊可由玻璃体炎、出血、星状玻璃体变性和闪辉性玻璃体液化引起。视网膜脱离、晶状体脱位、异物、肿瘤和寄生虫（恶丝虫）也可能导致玻璃体混浊。该病例表现出玻璃体变性，这种变性被称为星状玻璃体变性。星状玻璃体变性在犬中较为常见，通常被称为"飞蚊症"。当眼 / 头移动时，附着在玻璃体框架上的钙 - 脂质结晶复合物会发生轻微振荡。闪辉性玻璃体液化罕见于犬，其与视网膜变性有关。当眼球转动时，闪辉性玻璃体液化中的胆固醇晶体呈现出"雪花状"运动。目前还没有治疗星状玻璃体变性和闪辉性玻璃体液化的方法。

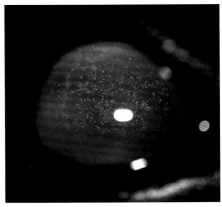

图 82.1　年轻杜宾犬玻璃体外观

病例 83　病例 84

图 83.1　1 岁新加坡猫双眼外观

图 83.2　结膜鼻腔造口术

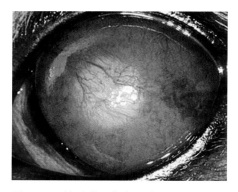

图 84.1　长毛腊肠犬左眼外观

病例 83：问题　一只 1 岁新加坡猫持续 4 周出现双侧泪溢（图 83.1）。睑缘正常，无结膜炎。

Ⅰ.应该进行什么诊断测试？

Ⅱ.如果测试结果为阴性，那么接下来应该做什么？

Ⅲ.进行完这些测试后，该病例最有可能的诊断结果是什么？

Ⅳ.有哪些治疗方案？

病例 83：回答　Ⅰ.Jones 试验用于检测鼻泪系统的通畅性。该猫的 Jones 试验呈阴性。

Ⅱ.下一步需要在上、下泪点处插入导管并进行冲洗。该猫的泪点开口缺失，双侧鼻孔也未见鼻导管开口。造影剂无法注射到鼻泪管系统中，因此无法进行泪囊鼻腔造影。

Ⅲ.由于鼻泪管系统的鼻腔或结膜末端没有开口，最可能的诊断是鼻泪管发育不全。短头猫最常被诊断出患有该病。

Ⅳ.选择的治疗方法是结膜鼻腔造口术（图 83.2）或结膜口腔造口术。分别在鼻腔或口腔中进行骨切开术时会形成下泪点。在新的引流系统中插入硅胶管并留置 4 ~ 6 周。

病例 84：问题　一只长毛腊肠犬因溢泪和可能视力丧失前来就诊。主诉家里刚重新装修了客厅，发现该犬撞到了新家具上。完整的眼科检查显示角膜混浊，轻度至中度角膜色素沉着，泪液分泌正常以及角膜新生血管化（图 84.1）。角膜荧光素染色呈阴性。

Ⅰ.该病例的诊断结果和病因是什么？

Ⅱ.您的鉴别诊断有哪些？

Ⅲ.描述该病的病理生理学。

Ⅳ.您将如何对该眼进行治疗？

病例 84：回答　Ⅰ.诊断为免疫介导性点状角膜炎，这是一种品种相关性角膜疾病。

Ⅱ.鉴别诊断包括色素性角膜炎、角膜翳、干燥性角膜结膜炎、青光眼和视网膜变性。

Ⅲ.免疫介导性点状角膜炎可能发生于任何犬种中，但最常见于长毛腊肠犬。这种慢性疾病可导致整个角膜混浊、色素沉着和一定程度的视力丧失。过度暴露在紫外线辐射下可能会加重病情。

Ⅳ.眼睛荧光素阴性着染，因此表明无溃疡。然而，如果存在溃疡则必须使用抗生素。该病例的治疗包括长期局部使用环孢素 A 和皮质类固醇。该病可能需要终身治疗。

病例 85　病例 86

病例 85：问题　一只 14 月龄猫的眼底照片中呈现如图所示的曲线束（图 85.1、图 85.2）。

Ⅰ.使用了哪种诊断技术来突出了图 85.2 中视网膜内的曲线束？

Ⅱ.造成这些曲线束的病因是什么？

Ⅲ.这些寄生虫在哪个位置移动？

Ⅳ.该病患猫主诉最常见的临床症状是什么？

病例 85：回答　Ⅰ.荧光素血管造影术。幼虫移行引起的视网膜色素上皮缺陷使脉络膜中的荧光素染料可见。

Ⅱ.眼蝇蛆病（见病例 95）。

Ⅲ.在视网膜感觉层内及周围移动（图 85.3）。

Ⅳ.该病通常没有特定的临床症状，患猫也无任何其他症状。曾出现过眼蝇蛆病导致猫前葡萄膜炎的病例。

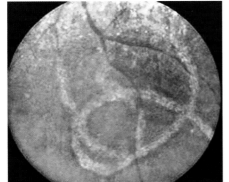

图 85.1　14 月龄猫眼底图像

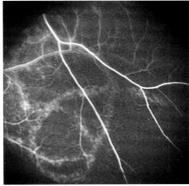

图 85.2　荧光素血管造影术后眼底图像

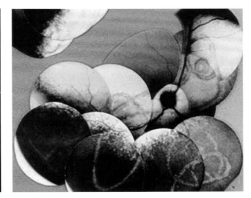

图 85.3　患眼眼底拼贴照片显示寄生虫围绕视神经的迁移痕迹

病例 86：问题　一只 6 月龄沙皮犬出现溢泪、眼睑痉挛和球结膜水肿。初步检查发现上、下眼睑内翻以及后弹力层膨出（图 86.1）。

Ⅰ.您会对该病例采取哪些检查步骤来确诊？

Ⅱ.该病的病因和病理生理学是什么？

Ⅲ.描述您将推荐的治疗方法。

Ⅳ.需要哪些后续护理？

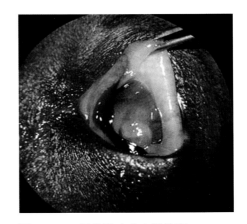

图 86.1　6 月龄沙皮犬左眼外观

病例 86：回答　Ⅰ.必须仔细检查睑缘以确认是否存在双行睫或异位睫。荧光素着色是评估角膜溃疡的关键。该染色剂不会与健康的上皮细胞或后弹力层结合。钴蓝光增强荧光显现，有助于确定染色剂吸收的性质。在该犬中，溃疡中心未着色，这表明该处存在后弹力层膨出（见病例 142 和病例 232）。在该病例中，有必要使用拭子对溃疡处采样并进行细菌培养以确定对其最有效的抗生素。

Ⅱ.在皮肤褶皱过多的品种（如沙皮犬、斗牛犬和松狮犬）中经常发生中度至重度的眼睑内翻并伴有倒睫（见病例 157）。冗余皮肤以及倒睫的刺激会导致眼睑痉挛和角膜溃疡，长期刺激会导致角膜疤痕和色素沉着。

Ⅲ.后弹力层膨出应采用结膜瓣进行治疗。眼睑变化需要进行眼睑成形术。结膜瓣提供物理/结构支持，将血浆输送到受损区域，将成纤维细胞添加到溃疡位点，并为角膜损伤提供血管供应。

Ⅳ.术后 6～8 周需要修剪结膜瓣以尽量减少角膜疤痕。需要在镇静和表面麻醉的情况下使用切腱剪中断血供。

病例 87　病例 88

病例 87：问题　这两张照片（图 87.1）来自于一只 8 月龄澳大利亚牧羊犬。注意图 87.2 中所示的视网膜情况。

Ⅰ. 根据这些图像，该病例的诊断结果是什么？在胚胎学中它是如何形成的？

Ⅱ. 在澳大利亚牧羊犬中，与这些病变相关的综合征的名称是什么？

Ⅲ. 描述这些病变的组织学外观。

Ⅳ. 在患有该病的澳大利亚牧羊犬中，小眼畸形的遗传特征是什么？

病例 87：回答　Ⅰ. 白色赤道部缺损。胚胎学上，缺损的形成是视网膜色素上皮细胞（RPE）的原发性缺陷所致。这导致脉络膜和巩膜局灶性发育不良。该三维立体重建图像来自一只年轻澳大利亚牧羊犬眼睛（图 87.2），图片显示该犬视网膜色素上皮细胞（紫红色）部分缺失，这导致了随后的缺损。晶状体显示为蓝色，视网膜外部和内部分别为绿色和黄色。由于脉络膜组分的缺失类似视网膜色素上皮细胞的缺失，巩膜将封闭该缺失处从而形成不太完美的缺损（图 87.3）。

Ⅱ. Merle 眼部发育异常（MOD），其伴有多种眼部疾病，包括小眼畸形、小角膜、虹膜异色、瞳孔变形、瞳孔异位、虹膜发育不良、白内障、视网膜脱离和缺损。

Ⅲ. 病变部位表现为脉络膜血管减少至缺失，巩膜菲薄且不规则。

Ⅳ. 该品种的 MOD 为常染色体隐性遗传，不完全外显性。MOD 患犬为具有明显白色被毛的纯合子犬。

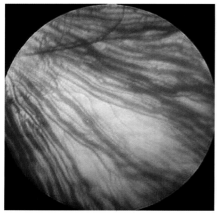
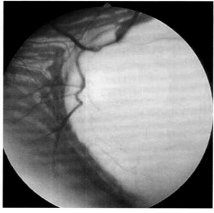

图 87.1　8 月龄澳大利亚牧羊犬眼底图像

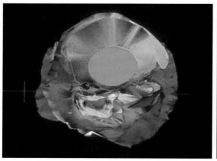

图 87.2　年轻澳大利亚牧羊犬的眼睛三维立体重建图像

图 87.3　该眼生长发育后的三维立体重建图像

病例 88：问题　该犬的瞳孔散大，通过直接检眼镜可以观察到眼底（图 88.1）。在直接检眼镜的检查影像中发现了什么？

病例 88：回答　青光眼导致视网膜和视神经乳头（ONH）发生改变。该病例的视神经乳头脱髓鞘、变暗和萎缩。邻近视盘右侧存在一局灶性的毯部超反射区。视神经盘随着眼内压升高向后方移动，从而阻断了睫状后短动脉到视网膜的血液循环。由于单一的睫状后短动脉为视网膜的特定楔形区域提供血液，因此图中 9 点钟至 1 点钟区域可见视网膜循环缺血导致的视网膜水肿和相关的毯部楔形低反射外观。

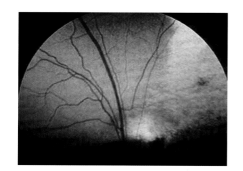

图 88.1　患犬眼底图像

病例 89　病例 90　病例 91

病例 89：问题　一只 2 岁已去势的雄性家养短毛猫因睑缘异常（图 89.1）就诊。该猫在过去的 3 个月内因眼睑脓肿间断性接受过治疗。

Ⅰ. 该病例最可能的诊断结果是什么？

Ⅱ. 眼睑脓肿的鉴别诊断有哪些？

Ⅲ. 有哪些治疗方案？

病例 89：回答　Ⅰ. 瘢痕性眼睑外翻。慢性眼睑脓肿或脓肿性肉芽消退后形成疤痕（瘢痕）。疤痕的收缩导致眼睑外翻。

Ⅱ. 鉴别诊断包括肿瘤、睑板腺炎、霰粒肿（睑板腺的慢性脂质肉芽肿）、眼睑囊肿、嗜酸性角膜斑块和眼睑脓肿性肉芽。

Ⅲ. 眼睑脓肿或脓肿性肉芽的治疗首先需要确诊。诊断基于细胞学检查（多核中性粒细胞、淋巴细胞和浆细胞并伴有慢性炎症特征）或切除后进行活检。治疗方法为全身性和病灶内注射抗生素，随后进行热敷。该病例在眼睑脓肿性肉芽消退后出现瘢痕性眼睑外翻。瘢痕性外翻可通过简单的 V-Y 眼睑成形术进行治疗。在手术过程中需要剥离疤痕组织，移动相邻皮肤，将"V"形切口缝合成"Y"形，从而将皮肤推向眼睛方向。

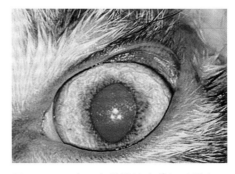

图 89.1　2 岁已去势雄性家养短毛猫左眼外观

病例 90：问题　一只年轻成年犬（混种犬）出现如图所示的情况（图 90.1）。

Ⅰ. 该病例的诊断结果是什么？

Ⅱ. 在治疗层面上可以进行哪些操作？

病例 90：回答　Ⅰ. 该病例为虹膜脱垂，并且脱垂的虹膜表面被覆一层米色的纤维蛋白。可能存在持续性房水渗漏，其导致低眼内压、浅前房和持续性葡萄膜炎，或者角膜穿孔可能被虹膜和纤维蛋白封闭。

Ⅱ. 如果患眼存在炫目反射或另一只眼存在间接瞳孔对光反射，那么表明患眼视网膜存在功能，可切除脱出的虹膜，并采用角膜移植或结膜瓣遮盖角膜病变处。在这些病例中，眼部超声有助于评估视网膜功能，但由于存在角膜病变，因此必须谨慎操作。随后局部治疗眼部感染和葡萄膜炎。

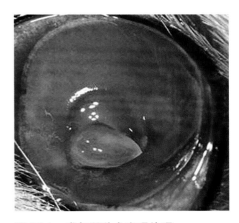

图 90.1　成年混种犬患眼外观

病例 91：问题　该图（图 91.1）展示的是一种称为眼球推回的检查手段。

Ⅰ. 描述眼球推回的过程。

Ⅱ. 哪些情况下可能无法进行眼球推回？

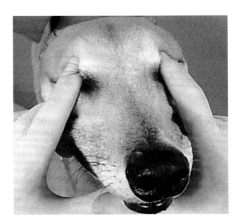

图 91.1　眼球推回检查

病例 91：回答　Ⅰ. 眼球推回是一项用于评估眼眶容积变化和眼眶疼痛的测试。在眼睑闭合的情况下，用手指轻柔按压眼球，大多数犬的眼球在此压力下应该很容易向后移动，并且没有疼痛或不适的迹象。

Ⅱ. 球后占位性病变，如脓肿、蜂窝织炎、肿瘤或囊肿可阻止眼球回缩（见病例 9、病例 98 和病例 166）。小型犬和大多数的猫由于眼眶较小，因此它们在进行该测试时眼球后移程度较小。

病例 92　病例 93

病例 92：问题　一只 16 岁的猫具有 2 个月的进行性眼球突出病史，并且近期出现血性鼻分泌物（图 92.1）。

Ⅰ.对于该猫，关键的体格检查是哪部分？

Ⅱ.该病例治疗方案是什么？

病例 92：回答　Ⅰ.口腔检查发现最后臼齿的后方存在肿胀（图 92.2）。张口疼痛提示眼眶炎症性疾病。张口无疼痛则提示可能为非炎症性肿瘤疾病。检查最后臼齿附近的口腔是否存在异常肿胀、分泌物和牙病有助于诊断。如有肿胀，则需在诊断性成像后进行探查。眼眶脓肿可从最后臼齿后方引流（见病例 9、病例 146 和病例 166）。培养、细胞学检查、活检和拔除臼齿可能都需要。

Ⅱ.这是一例窦性淋巴瘤侵袭眼眶的病例。为了挽救该猫的生命，实施了眼球摘除手术（图 92.3），可对窦性肿瘤开始进行放疗 / 化疗。

图 92.1　16 岁猫双眼外观

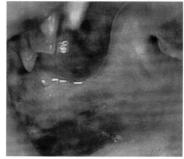

图 92.2　口腔检查可见最后臼齿后方存在肿胀

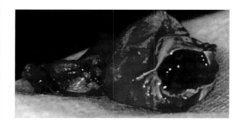

图 92.3　摘除的患眼眼球

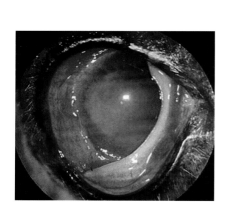

图 93.1　2 岁寻血猎犬患眼外观

病例 93：问题　您接诊到一只 2 岁寻血猎犬，该犬表现为咳嗽、呼吸较浅、全身不适和葡萄膜炎（图 93.1）。玻璃体抽吸显示的细胞学结果如图所示（图 93.2）。

Ⅰ.图 93.2 中描述的是哪种微生物？

Ⅱ.描述该病的病理生理学。

Ⅲ.治疗方法是什么？

病例 93：回答　Ⅰ.皮炎芽生菌，这是一种引起犬芽生菌病的双相型真菌。

Ⅱ.皮炎芽生菌不会在动物之间进行传播，而是通过吸入孢子获得。真菌通过血液和淋巴传播可导致全身多系统性脓性肉芽肿性疾病。30% ~ 40% 的患犬会出现眼部症状。最常见的表现为眼前节和眼后节的脓性肉芽肿性炎症，并伴有青光眼和视网膜脱离。然而，在临床上葡萄膜炎是最常见的诊断。

Ⅲ.目前推荐的治疗方式是全身使用伊曲康唑，连续使用 3 个月。需要局部使用皮质类固醇和扩瞳药来控制葡萄膜炎直到感染得到控制。可导致继发性青光眼。

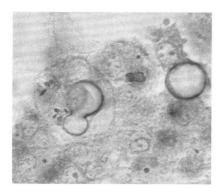

图 93.2　玻璃体抽吸样本细胞学结果

病例 94　病例 95

病例 94：问题　一只相对年轻（近 4 岁）的雌性西高地白㹴犬因双眼角膜覆盖大量黏液性至脓性分泌物（图 94.1、图 94.2）前来就诊。此外，该犬还表现眼睑痉挛和结膜炎。角膜无光泽并伴有部分新生血管和色素沉着。Schirmer 泪液测试结果显示每只眼睛为 4 mm/min。动物主人经常向兽医陈述"慢性眼部感染"。虽然局部用药在过去对病情有所改善，但问题始终没有得到解决。

Ⅰ. 导致该犬眼部疾病最可能的病因是什么？

Ⅱ. 如何通过药物方式治疗该病？

Ⅲ. 如何通过手术方式治疗该病？

图 94.1　约 4 岁雌性西高地白㹴犬双眼外观

病例 94：回答　Ⅰ. 病因为干燥性角膜结膜炎（KCS）。西高地白㹴犬存在 KCS 的发病风险，因此该犬的 KCS 可能与品种相关。

Ⅱ. 始终应当尝试长达 4 个月的药物治疗，因为一旦开始药物治疗，泪腺需要很长时间才能自我修复。KCS 治疗的目标是消除眼部疼痛和维持视力。首先，使用人工泪液来替代泪液。血清也可用作泪液替代疗法。其次，局部使用 0.2% 环孢素 A（CSA），每天 2 次，来刺激泪液的产生。众所周知，CSA 可抑制 T 淋巴细胞诱导的泪腺腺泡细胞凋亡，并减少腺体炎症的发生，CSA 干扰促乳素，具有抗炎活性，并能极大地缓解色素性 / 炎性角膜炎。也可局部应用 0.03% 他克莫司和 1% 吡美

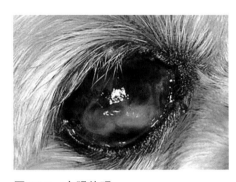

图 94.2　右眼外观

莫司（均为每天 2 次），它们与 CSA 具有类似的免疫调节作用。口服 2% 毛果芸香碱（1 滴 /10 kg，每天 2 次）对神经源性的 KCS 病例也有效。最后，应局部使用广谱抗生素（每天 2 次）和皮质类固醇（如果存在角膜溃疡则不能使用）以减少角膜感染和角膜炎的发生。

Ⅲ. 各种深层的角膜溃疡都应构建结膜瓣来提供矫正组织和血供。对于药物治疗无效的患病动物和（或）动物主人无法进行药物治疗管理的情况，可以进行腮腺管移植术。需要注意的是唾液不是泪液的完美替代品，但在大多数病例中可满足需求。

病例 95：问题　一只 7 岁家养短毛猫因视力下降就诊。检眼镜检查发现一些线状轨迹横越视网膜（图 95.1）。

Ⅰ. 该病的鉴别诊断有哪些？

Ⅱ. 该病最常见的病因是什么？

Ⅲ. 有哪些治疗方案？

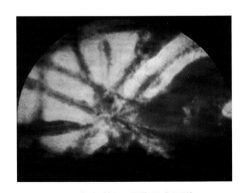

图 95.1　7 岁家养短毛猫眼底图像

病例 95：回答　Ⅰ. 该猫眼底存在的弓形或线性脱色区可能是由视网膜色素上皮细胞的创伤性、退行性或炎性疾病所致。猫眼底的曲线束与寄生虫幼虫期的存在有关，被称为眼内后房蝇蛆病。临床发现通常具有偶然性。毯部和非毯部均存在曲线轨迹。

Ⅱ. 眼蝇蛆病罕见于猫。最常报道黄蝇幼虫引起猫眼蝇蛆病。寄生虫在视网膜感觉层内以及周围迁移。大多数患猫无症状，但部分病例存在前葡萄膜炎的症状。

Ⅲ. 眼部炎症的治疗方案是全身使用皮质类固醇。前葡萄膜炎患病动物应局部使用抗炎药。幼虫罕见于前房或玻璃体中，如出现这种情况，建议手术取出。

病例 96　病例 97

病例 96：问题　这些眼底图像（图 96.1）来自于一只 4 岁萨摩耶犬，该犬存在失明、虹膜颜色轻度变化和鼻头色素脱失的情况。

Ⅰ.该犬失明的病因是什么？

Ⅱ.考虑到品种和临床症状，最可能的诊断是什么？

Ⅲ.治疗方法是什么？

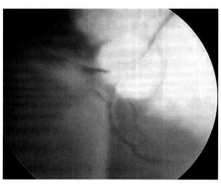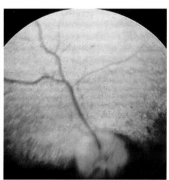

图 96.1　4 岁萨摩耶犬双眼眼底图像

图 96.2　患眼眼底图像

病例 96：回答　Ⅰ.失明病因为大疱性视网膜脱离（图 191.1）。

Ⅱ.视网膜脱离、葡萄膜炎引发的虹膜颜色改变、鼻色素脱失以及品种等信息提示葡萄膜皮肤（UVD）综合征，也称作小柳原田综合征。关于犬 UVD 综合征病因的最新假说是，该病是由免疫介导性破坏眼睛和皮肤黑色素细胞所致。虹膜和视网膜色素上皮也可发展为进行性脱色（图 96.2）。皮肤和被毛出现脱色（分别为白癜风和白发症）。病变通常局限于面部，眼睑、鼻头和嘴唇受累，但阴囊和足垫也是可能受累的皮肤部位（见病例 3）。

Ⅲ.初始治疗包括口服免疫抑制剂量的泼尼松 ± 硫唑嘌呤或环磷酰胺。硫唑嘌呤在生效前存在 3 ~ 5 周的迟滞期，因此在此期间之前不应尝试逐渐减少皮质类固醇的用量。维持治疗需要应用 1 ~ 2 种明显减量后的药物。局部皮质类固醇可用于眼前节病变。UVD 综合征患犬预后谨慎，应考虑终身治疗。如果停止治疗或药量降低则易复发。

病例 97：问题　一只 7 岁混种犬出现了一个深层溶解性角膜基质溃疡（图 97.1）。"溶解"的医学术语是角膜软化。"溶解"过程的机制是什么？其临床表现如何？

病例 97：回答　角膜软化或"溶解"是角膜基质胶原蛋白在组织、微生物和泪膜蛋白酶水平升高的影响下发生溶解和液化。角膜软化使溃疡和溃疡边缘呈现浅灰色凝胶状液化外观。早期的基质溶解很难与

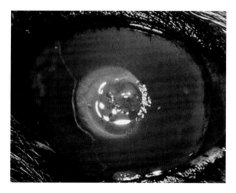

图 97.1　7 岁混种犬患眼外观

角膜水肿区分开。这种灾难性的角膜退行性疾病可能会迅速恶化，并在 12 ~ 48 h 内导致角膜穿孔和虹膜脱垂。蛋白水解酶（蛋白酶类）在角膜基质的正常缓慢更新和重塑中发挥重要的生理功能。天然蛋白酶抑制剂也存在于角膜前泪膜和角膜中，这些酶通常可防止正常健康组织过度降解。当蛋白酶和蛋白酶抑制剂之间处于不平衡状态并有利于蛋白酶时，就会发生溶解性角膜疾病，从而导致角膜基质胶原和蛋白聚糖的病理性破坏。

病例 98　病例 99

病例 98：问题　一只 9 岁的雌性拉布拉多寻回猎犬具有 2 周左眼进行性增大的病史（图 98.1）。

Ⅰ. 该犬是牛眼还是眼球突出症？哪些诊断测试将提供帮助？

Ⅱ. 有哪些主要的鉴别诊断？

Ⅲ. 应进行什么诊断测试？

Ⅳ. 治疗方案有哪些？

病例 98：回答　Ⅰ. 高眼内压（IOP）提示青光眼并且可能存在牛眼。回推双眼时，牛眼的眼球将会较好地退缩，而眼球突出则退缩困难（见病例 9、病例 101 和病例 166）。张口疼痛提示眼外炎症（见病例 146）。测量水平角膜直径也有助于区分眼球扩张的牛眼和眼球大小正常的眼球突出。该犬 IOP 正常，眼球退缩不明显，张口无疼痛，这表明患病动物为眼球突出症，病因可能是眼眶肿块。

Ⅱ. 鉴别诊断包括眼眶脓肿、眼眶蜂窝织炎、眼眶气肿、眼眶血肿、眼眶假瘤、眼眶肿瘤、眶外肿瘤（窦或鼻腔）以及创伤。

Ⅲ. 影像学诊断。眼部超声是检查眼眶的可靠方法。高级成像（CT、MRI）是确定组织侵袭程度的最佳方式，并有助于制订手术计划（图 98.2 显示视神经脑膜瘤）。

Ⅳ. 未牵涉视神经的小肿瘤可行眼眶切开术移除以保持视力。大多数眼眶肿瘤的患病动物需要进行眼眶内容物剜除术。

病例 99：问题　一只 6 岁猫出现如图 99.1、图 99.2 所示的快速发作的隆起、混浊的角膜疾病。该猫无已知的创伤报告，但白天确实会外出。未见荧光素染料着色。

Ⅰ. 您认为有哪些鉴别诊断？

Ⅱ. 该病例最可能的诊断结果是什么？

Ⅲ. 该病的病理生理学是什么？

Ⅳ. 建议如何治疗？

病例 99：回答　Ⅰ. 鉴别诊断包括后弹力层膨出、角膜异物、虹膜脱垂、角膜上皮包涵囊肿、急性大疱性角膜病变以及角膜内皮营养不良。

Ⅱ. 存在一个大的角膜大疱，角膜外观松软（图 99.2）。该病诊断为急性大疱性角膜病变。

Ⅲ. 可能存在的基质缺陷引起急性角膜水肿，并导致在角膜上皮中形成多个小水泡，这些小水泡合并成更大的大疱，大疱可能破裂，从而导致上皮丢失和角膜溃疡。该情况看似为溶解性角膜溃疡，但其发病较急。

Ⅳ. 治疗需要通过瞬膜瓣遮盖和（或）使用暂时性睑缘缝合术为角膜提供支撑，以降低大疱破裂的风险。建议局部使用广谱抗生素、1% 阿托品、5% 高渗氯化钠眼膏或滴眼液，以及使用自体血清抑制蛋白酶来进行治疗。结膜瓣也适用于多数大疱性角膜病变的病例。

图 98.1　9 岁雌性拉布拉多寻回猎犬双眼外观

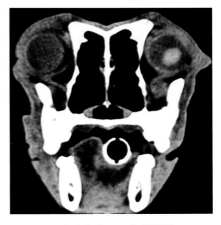

图 98.2　患犬颅部 CT 扫描影像

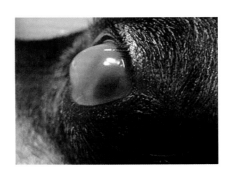

图 99.1　6 岁猫患眼侧面外观

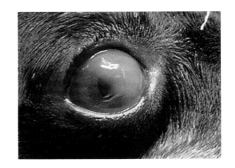

图 99.2　患眼正面外观

病例 100 病例 101

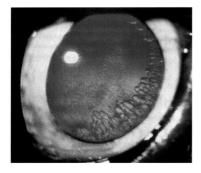

图 100.1 5 岁糖尿病患犬扩瞳后眼部外观

图 100.2 糖尿病性白内障组织病理学切片

图 101.1 6 岁雄性巴哥犬双眼外观

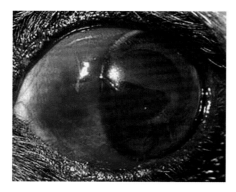

图 101.2 患犬左眼外观

病例 100：问题 一只患有糖尿病的 5 岁雌性哈士奇犬在年度体检时进行了全面检查。药物散瞳后进行眼科检查的结果如图所示（图 100.1）。

Ⅰ.描述该犬的晶状体变化。

Ⅱ.糖尿病引发晶状体变化的机制是什么？

Ⅲ.该晶状体疾病目前处于哪个阶段？

病例 100：回答 Ⅰ.观察到早期的白内障病变，其表现形式为赤道部皮质空泡化。需要注意的是由于该犬缺乏毯部（与其蓝色虹膜和浅色毛色相符），因此该犬眼底呈现出红色光反射。

Ⅱ.葡萄糖是晶状体的主要能量来源。晶状体己糖激酶在正常情况下将葡萄糖转化为葡萄糖 –6– 磷酸，但由于糖尿病晶状体中葡萄糖水平过高，己糖激酶无法将其完全转化。醛糖还原酶在正常情况下仅代谢 5% 的晶状体葡萄糖，但在糖尿病晶状体中将高达 33% 的多余葡萄糖代谢为山梨醇。山梨醇脱氢酶（SD）正常情况下将山梨醇分解为果糖，但在糖尿病患病动物中山梨醇脱氢酶超负荷，因此山梨醇在晶状体中积累。山梨醇通过渗透作用将水吸入晶状体，导致晶状体纤维肿胀和破裂。这些早期的白内障变化在犬的赤道部晶状体皮质中表现为空泡样，也可见于糖尿病患猫的后方皮质中。糖尿病性白内障在犬中迅速发展到成熟期（图 100.2）。

Ⅲ.该犬的白内障处于初期。初期白内障是指早期临床上出现明显的白内障变化，涉及体积小于晶状体总体积的 15%。

病例 101：问题 一只具有 2 d 眼睛红肿病史（图 101.1、图 101.2）的 6 岁雄性巴哥犬正在接受检查。

Ⅰ.描述该病变。

Ⅱ.该病例的诊断结果和病因是什么？

Ⅲ.治疗方法是什么？

Ⅳ.视力预后如何？

病例 101：回答 Ⅰ.右眼肿胀并在眼眶中向吻侧移位。患眼巩膜出血呈现暗红色，侧斜视以及部分角膜色素沉着。

Ⅱ.眼球脱出，眼球从眼眶中向前移位，常见于创伤后的球后出血和水肿。通常较严重的创伤可导致眼外肌拉伸和（或）撕裂。眼球脱出在犬中非常普遍（尤其是短头犬）。

Ⅲ.术前应保持眼睛湿润，这是动物主人在去急诊的路上可以做的事情。在全身麻醉下进行暂时性睑缘缝合术，并将缝线保留 1～3 周。采用全身抗生素和局部抗生素眼膏以及阿托品进行药物治疗。全身抗炎药物可用于帮助减轻眼周组织的严重肿胀。

Ⅳ.突出的眼球应评估其前房积血、瞳孔对光反射和眼外肌损伤的程度。所有的眼球脱出都应进行荧光素染色以评估是否存在角膜溃疡。如果存在良好的预后指征（无前房积血、眼球脱出的持续时间短、肌肉完整、瞳孔缩小），则应复位眼球。然而，许多脱出的眼球无法恢复视力。

病例 102　病例 103

病例 102：问题　一只 5 岁的波斯猫因眼前节问题就诊（图 102.1）。

Ⅰ.您对该病例的诊断结果是什么？

Ⅱ.该病的病因是什么？

Ⅲ.针对该猫进行了哪种治疗（图 102.2）？

病例 102：回答　Ⅰ.诊断为坏死性角膜炎，角膜基质区域坏死。坏死性角膜炎通常发生于单侧眼，表现为中央或靠近中央的角膜出现褐色或黑色卵圆形至圆形斑块。

Ⅱ.病因暂不明。可能是慢性角膜刺激或先前的创伤所致。已注意到坏死性角膜炎与猫疱疹病毒、干燥性角膜结膜炎、经久不愈的浅层角膜溃疡和眼睑内翻存在关联。猫的浅表溃疡应避免进行格状角膜切开术，因为该操作可能会导致坏死性角膜炎。接受局部或球结膜下皮质类固醇治疗的猫更可能发生坏死性角膜炎，原因是皮质类固醇可能会激活猫疱疹病毒 1 型。

Ⅲ.该猫进行了浅表性角膜切除术联合角膜巩膜移植术。切除的角膜区域已被健康的角膜、角巩膜缘和结膜移植物所覆盖。术后 6 周角膜愈合良好，未见坏死灶复发（图 102.3）。移植位点愈合，但角巩膜缘部位仍不透明。

病例 103：问题　一只 5 岁犬的主人观察到该犬原本蓝色的眼睛发生奇怪现象（图 103.1）后将其送来接受常规健康体检。动物主人不确定该犬是否遭受过创伤，但她认为不太可能发生。您对此病例采血后进行全血细胞计数（CBC）和血清化学分析。

Ⅰ.根据所见的眼部变化，您希望在全血细胞计数中发现什么问题？

Ⅱ.解释该虹膜病变的病理生理学。

Ⅲ.您将如何治疗该犬，预后如何？

病例 103：回答　Ⅰ.血小板减少症。犬血小板减少的病因包括传染性疾病（埃立克体病、落基山斑疹热）、肿瘤，以及最常见的免疫介导性疾病。

Ⅱ.犬血小板减少症导致维持血液稳态的能力下降，因此可能出现全身和眼部出血。与血小板减少症相关的眼部变化包括前房积血、虹膜和巩膜淤斑以及视网膜出血。视网膜出血可导致视网膜层次破裂，继而引发视网膜脱离和失明。

Ⅲ.治疗取决于诊断。对于更常见的免疫介导性血小板减少症病例，皮质类固醇治疗可有效控制该病。四环素连续给药一个月可对抗蜱传播疾病引发的血小板减少症。血小板减少得到解决后将减少眼内出血。前房积血可采用标准的葡萄膜炎的皮质类固醇治疗方法，如本病例所示。若发生视网膜脱离，仍可能会导致失明。如果症状得到控制，疾病得到及时的治疗，则预后良好。

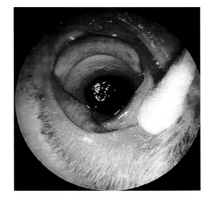

图 102.1　5 岁波斯猫患眼外观

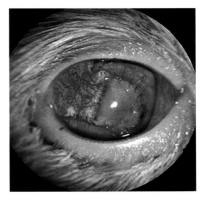

图 102.2　治疗后患眼外观

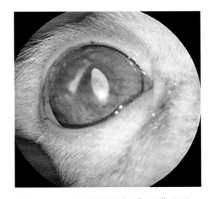

图 102.3　患眼接受角膜巩膜移植术后 6 周外观

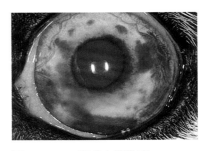

图 103.1　5 岁犬患眼外观

病例 104　病例 105

病例 104：问题　一只 4 岁猫因出现眼睑和结膜肉芽肿（图 104.1、图 104.2）而就诊。眼底检查发现视网膜炎和视网膜脱离（图 104.3）。

　　Ⅰ.有哪些主要的鉴别诊断？

　　Ⅱ.什么诊断测试可能会对该病例有所帮助？

　　Ⅲ.该病的流行地区有哪些？

　　Ⅳ.有哪些治疗方案？

图 104.1　4 岁猫双眼外观

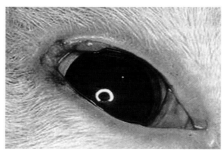
图 104.2　右眼外观

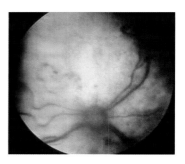
图 104.3　眼底图像

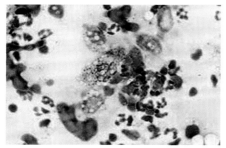
图 104.4　细胞学检查结果

病例 104：回答　Ⅰ.全身性真菌病，包括隐球菌病、组织胞浆菌病、芽生菌病和球孢子菌病（见病例 76 和病例 186）。

　　Ⅱ.诊断基于临床和眼部症状、X 线片、组织样本涂片染色、眼部穿刺、外周淋巴结抽吸、微生物培养和血清学。血清学阳性可支持诊断，但播散性感染的猫血清学可能为阴性。细胞学鉴定该猫患有组织胞浆菌病（图 104.4）。

　　Ⅲ.组织胞浆菌属广泛分布于北美和南美，在欧洲和土耳其也愈加频繁地被诊断出来。播散性疾病的常见位点是肺、骨、皮肤和内脏器官。眼部病变包括肉芽肿性脉络膜视网膜炎、前葡萄膜炎、视网膜脱离和视神经炎。

　　Ⅳ.伊曲康唑已成功治疗过组织胞浆菌病患猫。对于目前的治疗方案，应参考内科学教科书。

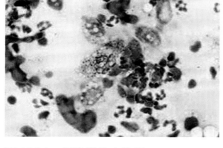
图 105.1　1 岁半拉布拉多寻回猎犬右眼外观

病例 105：问题　一只 1 岁半的拉布拉多寻回猎犬因长期流泪和眼睛发红而就诊。体格检查时，将右眼眼睑向腹侧牵拉以显示第三眼睑结膜。您发现下眼睑中堆积少量污垢，似乎被固定在此处（图 105.1）。

　　Ⅰ.您的诊断结果是什么？

　　Ⅱ.您如何告知动物主人？

　　Ⅲ.您如何解决该问题？

病例 105：回答　Ⅰ.诊断为内眦口袋综合征引起的持续性结膜炎。

　　Ⅱ.内眦口袋综合征见于罗威纳犬和拉布拉多寻回猎犬等大型犬种。由于一些品种的眼眶较大，因此内眦处会形成一个"口袋"并收集碎片。这些碎片会引起第三眼睑的局灶性结膜炎，其余区域结膜正常。

　　Ⅲ.由于该情况是解剖问题造成的，所以采用姑息疗法。如果炎症严重，局部给予类固醇和抗生素可缓解炎症。

病例 106　病例 107

病例 106：问题　一只 5 岁雄性家养短毛猫具有 1 周第三眼睑突出的病史（图 106.1）。

Ⅰ. 描述该病变。

Ⅱ. 该情况的诊断结果和病理生理学是什么？

Ⅲ. 该病最常见的病因是什么？

Ⅳ. 可以进行什么测试来帮助定位该猫的病变？

图 106.1　5 岁雄性家养短毛猫双眼外观

病例 106：回答　Ⅰ. 右眼瞬膜突出，瞳孔缩小以及上睑下垂。

Ⅱ. 霍纳综合征。上眼睑 Müllers 肌的肾上腺素能神经支配丧失，导致睑裂变窄和上睑下垂。缺乏交感紧张和眼球内陷导致瞬膜突出。虹膜括约肌的正常交感张力降低导致患眼瞳孔缩小。眼部肾上腺素能神经元的交感神经通路在下丘脑和前三个胸椎脊髓段之间传递。这部分通路的损伤会导致一级霍纳综合征。肾上腺素能神经元随后离开胸脊髓段进入颅胸段，连接胸交感神经干和颅颈神经节中的突触。该处神经元的损伤会产生二级霍纳综合征。交感神经通路中的最后一个神经元离开颅颈神经节，支配虹膜开大肌。该神经元的损伤会产生三级霍纳综合征。

图 106.2　患眼局部滴加肾上腺素 30 min 后外观

Ⅲ. 常见病因包括特发性、前纵隔肿瘤、中耳炎、颈部外伤。

Ⅳ. 局部使用 0.001% 肾上腺素或 10% 苯肾上腺素，并记录瞳孔扩张的时间。如果是节后性病变，那么瞳孔扩张较快（约 20 min 内），如果是节前性病变，则瞳孔扩张较慢（30 ~ 40 min 内）。该猫局部滴加肾上腺素 30 min 后症状缓解（图 106.2）。该患猫很可能存在涉及耳朵、臂丛或前胸的节前病变。

病例 107：问题　一只犬因眼部疼痛而就诊。存在一个深部溃疡并伴有轻度角巩膜缘血管化和角膜水肿（图 107.1）。手术放置带蒂结膜瓣。图示为术后 4 d 的眼部外观（图 107.2）。

Ⅰ. 为什么采用带蒂结膜瓣而不是第三眼睑遮盖？

Ⅱ. 此时需要局部使用哪些药物？

Ⅲ. 图示为术后 40 d 的眼部外观（图 107.3）。此时推荐如何治疗？

病例 107：回答　Ⅰ. 带蒂结膜瓣为脆弱的角膜提供物理支持，为病变提供受控的血液供应，直接向病变处灌注抗蛋白酶，并使成纤维细胞在角膜病变部位形成疤痕。第三眼睑皮瓣只提供物理支持。

Ⅱ. 局部给予抗生素、阿托品和抗蛋白酶药物分别用于降低感染、扩张瞳孔和减少泪膜蛋白酶。

Ⅲ. 可切断结膜瓣，留下一个小的角膜疤痕。

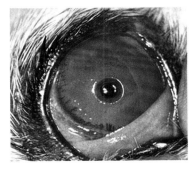

图 107.1　患眼治疗前外观

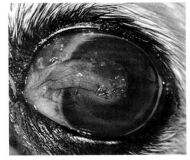

图 107.2　患眼术后 4 d 外观

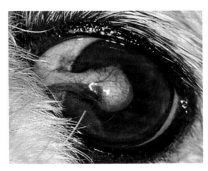

图 107.3　患眼术后 40 d 外观

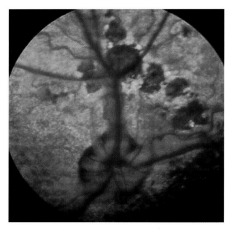

图 108.1　英国史宾格猎犬眼底图像

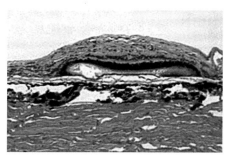

图 108.2　患眼组织病理学切片

图 109.1　8 岁雌性罗威纳犬双眼外观

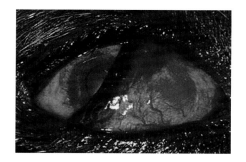

图 109.2　右眼外观

病例 108：问题　发现该英国史宾格猎犬（图 108.1）存在双侧眼视网膜病变。

Ⅰ.描述所见病变。

Ⅱ.该视网膜病变常见于哪些品种？

Ⅲ.引起此类视网膜疾病的病因有哪些？

Ⅳ.该英国史宾格猎犬的这种特有的视网膜疾病最可能的病因是什么？

病例 108：回答　Ⅰ.视神经乳头（ONH）上方毯部的背侧血管周围可见数个中等至较大的深色、不规则卵圆形至圆形的局灶性病变。这些病变周围的超反射区表明该部位的视网膜变薄。该变化通过组织学检查可见（图 108.2）。ONH 周围数处可见暗色三角形的巩膜色素区，该图片中无法看到非毯部区域。该病诊断为地理性视网膜发育不良。

Ⅱ.拉布拉多寻回猎犬和英国史宾格猎犬。

Ⅲ.可能的发病原因包括遗传性、特发性、病毒感染、维生素 A 缺乏、在子宫内受损或毒素。

Ⅳ.该病具有不完全外显的显性遗传。

病例 109：问题　一只 8 岁雌性罗威纳犬因右眼急性眼球突出而就诊（图 109.1、图 109.2）。

Ⅰ.图片显示了哪些临床症状？

Ⅱ.在检查过程中，按压眼球无法回推。该犬眼球突出的鉴别诊断可能有哪些？

Ⅲ.在检查过程中，兽医试图打开该犬的嘴。该犬痛苦尖叫，扭动头颈躲闪。当观察到犬张嘴疼痛时，优先考虑哪些鉴别诊断？

Ⅳ.该病的治疗方案是什么？

病例 109：回答　Ⅰ.右眼眼睑痉挛、瞳孔缩小、第三眼睑突出，以及第三眼睑结膜充血。

Ⅱ.在获得包括关于右眼不能推回的信息之前，可能已经将霍纳综合征列入鉴别诊断列表，因为霍纳综合征也伴有上睑下垂、瞳孔缩小、眼球内陷和第三眼睑突出（见病例 139）。伴有结膜充血和眼球无法回推的眼球突出的鉴别诊断包括眼眶蜂窝织炎、球后脓肿（继发于牙根脓肿或眼后异物）和眼眶肿瘤（见病例 98）。

Ⅲ.优先考虑球后脓肿或眼眶蜂窝织炎。

Ⅳ.在患眼面侧最后上臼齿的后方切开脓肿引流（见病例 9、病例 146 和病例 166）。当使用手术器械进入球后间隙时，对于近在咫尺的上颌动脉、视神经和睫状神经要非常小心。引流的脓肿液体应进行有氧菌和厌氧菌培养。患病动物应口服抗生素和消炎药，并对患眼局部涂抹抗生素软膏。如果眼球突出导致角膜暴露，则可能需要进行暂时性睑缘缝合术。

病例 110　病例 111

病例 110：问题　主诉这只 18 周龄的幼年波斯猫失明，眼睛表现无神且失明。

Ⅰ. 描述该眼底镜检查结果（图 110.1）。

Ⅱ. 您的诊断结果是什么，病因是什么？

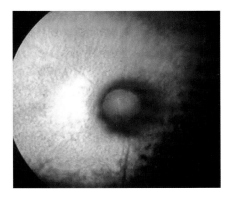

图 110.1　18 周龄波斯猫眼底图像

病例 110：回答　Ⅰ. 存在毯部超反射、视网膜血管变细和视神经萎缩。双眼症状相似。

Ⅱ. 猫的视网膜变性可为遗传性［通常称为进行性视网膜萎缩（PRA）］、继发于炎性视网膜或脉络膜疾病、药物引起（如恩诺沙星）、继发于牛磺酸缺乏，或与之前的视网膜脱离相关。在波斯猫中，已发现一种常染色体隐性遗传的进行性视网膜变性。该病例最初是在 2 ~ 3 周龄时发现瞳孔对光反射减弱，16 周龄时视网膜完全变性。暹罗猫也存在风险，所有品种都可能会受到潜在的影响。阿比西尼亚猫可能会发展为一种称为视杆 - 视锥细胞发育不良的 PRA，幼猫早在 4 周龄时就会受到影响。视杆 - 视锥细胞变性也可作为进行性视网膜变性的第二种形式在阿比西尼亚猫中形成。这种情况直到 1.5 ~ 2 岁才开始，并在 2 ~ 4 岁发展至完全变性。眼底镜检查结果可通过视网膜电位图加以证实。不幸的是，这种情况和这些疾病没有治疗方法。

病例 111：问题　一窝非常年幼（2 周龄）的沙皮犬因前额皮肤过多及严重的眼睑内翻使其无法正常睁眼（图 111.1）而就诊。双侧眼睑痉挛。仔细检查角膜发现其前表面受到一定的刺激。

Ⅰ. 犬眼睑内翻的病因是什么？

Ⅱ. 该沙皮犬（图 111.2、图 111.3）采取了哪些临时治疗措施？

病例 111：回答　Ⅰ. 眼睑内翻可能由眼轮匝肌和颞肌（下眼睑内翻）之间的张力差异引起，并受多种条件的影响，如睑裂长度、颅骨构造、眼眶解剖结构、性别和眼睛周围面部皮肤皱褶的范围。犬的眼睑内翻可能是一种发育解剖学问题，也可能是由眼睑、眼眶、结膜、角膜、眼内或全身性疾病持续病程所导致的获得性疾病。许多品种都具有眼睑内翻的倾向性。该病在沙皮犬中特别常见并且发病较严重，正如该病例可影响到 14 日龄的幼犬。在大型犬（如斗牛獒犬、杜宾犬、大丹犬、罗威纳犬）中，较大的眼眶和（或）大的睑裂也会导致眼睑支撑不足，从而造成眼睑内翻。

Ⅱ. 采用水平褥式缝合来矫正受影响的眼睑。也可以用皮钉进行固定矫正。术前必须使用表面麻醉剂来确定犬在清醒状态下眼睑痉挛的程度，因为眼睑痉挛会加剧解剖结构性眼睑内翻的程度。对于 6 月龄以上的犬和成年犬，有多种手术方法可用于永久性矫正眼睑内翻。最常见的治疗方法为 Hotz-Celsus 技术。

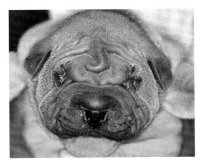

图 111.1　2 周龄沙皮犬双眼外观

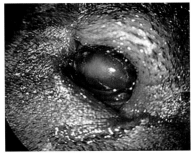

图 111.2　患犬右眼外观

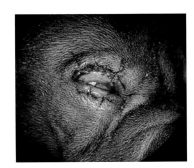

图 111.3　患眼接受 Hotz-Celsus 矫正术后外观

病例 112　病例 113

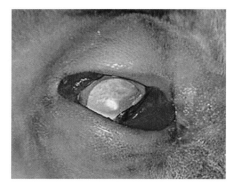

图 112.1　13 岁猫右眼外观

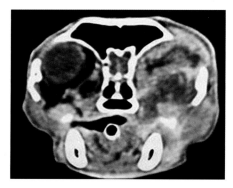

图 112.2　患猫颅部 CT 扫描检查影像

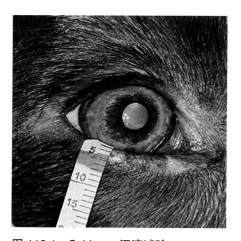

图 113.1　Schirmer 泪液试验

病例 112：问题　一只 13 岁猫具有 3 周眼睛红肿的病史（图 112.1）。

　Ⅰ. 描述该病变。

　Ⅱ. 有哪些鉴别诊断？

　Ⅲ. 应该进行什么测试？

　Ⅳ. 有哪些治疗方案？

病例 112：回答　Ⅰ. 存在严重的眼周肿胀和眼球突出。瞳孔散大、充血性结膜炎并伴有球结膜水肿。

　Ⅱ. 鉴别诊断包括眼眶脓肿、眼眶蜂窝织炎、眼眶气肿、眼眶假瘤、眼眶肿瘤、眶外肿瘤（窦或鼻腔）以及创伤。

　Ⅲ. 所有进行性眼球突出的病例都应进行影像学诊断和口腔检查（见病例 92、病例 220 和病例 254）。头部 X 线片和眼眶超声可能有助于诊断眼眶脓肿、眼眶蜂窝织炎、眼眶外伤（异物）和眼眶气肿。高级影像学检查有助于为眼眶肿瘤动物制订手术计划。CT 用于勾画肿瘤的边界（图 112.2）。

　Ⅳ. 因为 90% 的猫眼眶肿瘤为恶性，因此手术可能只是姑息疗法。绝大多数眼眶肿瘤的首选治疗方法是眼球摘除术或眼眶内容物剜除术。

病例 113：问题　Schirmer 泪液试验（STT）是一种评估眼部相关组织的方法（图 113.1）。

　Ⅰ. STT 用来评估什么？

　Ⅱ. 该测试应该进行多长时间？

　Ⅲ. 正常的 STT 值是多少？

病例 113：回答　Ⅰ. STT 用来定量评估角膜前泪膜的水质层。如果未常规进行 STT 测试，那么"干眼"（干燥性角膜结膜炎，KCS）可能会被漏诊。在该测试前应避免使用眼表面麻醉剂和其他眼药水。在包装纸内将试纸的圆末端弯曲，并在无污染的情况下将试纸放置于下眼睑中部与外侧 1/3 交界处的泪湖中。动物在测试过程中通常会闭上眼睛。

　Ⅱ. STT 试纸条应在原位保持停留 1 min。该测试并非线性测试，因此假如您在测试过程中获得 7 mm/30 s 的数值，但这并不意味最终测试结果为 14 mm/min。前 30 s 的 STT 试纸液体吸收速度比后 30 s 快。

　Ⅲ. 犬：（21.9±4.0）mm/min；猫：（20.2±4.5）mm/min。如果犬的 STT 值略低于正常值，那么与临床症状（角膜表面干燥、角膜血管化、角膜色素沉着、结膜充血、黏液性眼分泌物、眼睑痉挛）相结合可怀疑存在干眼症。犬 STT 值 <5 mm/min 时可诊断为干眼症（KCS）。正常猫的 STT 值可能为 5 mm/min 且无任何临床症状，但具有相关临床症状且同时 STT 值偏低时可诊断猫患有 KCS。

病例 114　病例 115

病例 114：问题　一只成年猫表现出与病例 51 不同类型的白内障（图 114.1）。

Ⅰ.从 8 点钟至 12 点钟方向的黑色手指状突起物是什么？

Ⅱ.图 114.1 描述了哪种类型的白内障？

Ⅲ.在检查患有该类型白内障的猫时，可能会注意到哪些次要的临床症状？

病例 114：回答　Ⅰ.色素化的睫状突。晶状体悬韧带源自这些睫状突并附着于晶状体赤道部，以此将晶状体悬吊在正确的位置。

Ⅱ.过成熟白内障的再吸收。过成熟白内障与晶状体体积减少、晶状体囊收缩（图 114.2）、晶状体混浊度减少导致的毯部反射可视化增加，以及前房加深有关。过成熟白内障的再吸收过程中晶状体体积的减少导致晶状体囊收缩并牵拉晶状体悬韧带，从而绷紧睫状突。这就是在该眼中睫状突部如此明显的原因。前葡萄膜炎也可见于快速形成和过成熟的白内障中。

Ⅲ.在评估患有再吸收性过成熟白内障时，可能会注意到与前葡萄膜炎相关的临床症状（如闪辉、虹膜粘连、虹膜潮红）。晶状体蛋白通过完整的晶状体囊渗漏至眼内，这些蛋白质无法被眼部的免疫系统识别为自身物质，因此会引发炎性葡萄膜炎反应。

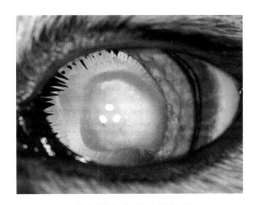

图 114.1　成年猫白内障患眼外观

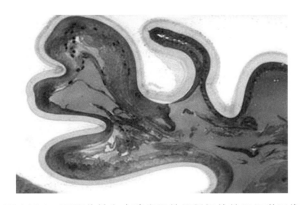

图 114.2　再吸收性白内障患眼的塑料切片的组织学图像

病例 115：问题　一只犬眼球突出 4 周后进行了该眼底镜检查（图 115.1）。检查结果包括视神经乳头（ONH）萎缩伴有血管变细以及视网膜神经纤维层出血。眼内压正常。

Ⅰ.这些检查结果的病理生理学是什么？

Ⅱ.该病例最可能的诊断结果是什么？

病例 115：回答　Ⅰ.视神经的所有部分（即眼内、眶内、小管内、颅内）均易受到来自头部创伤的创伤性损伤。施加到眼眶前的力量可传递至视神经孔，随后牵引力、挫伤力和剪切力施加到视神经和营养视网膜的小血管上。在外伤性眼球突出中，相对于固定的视神经后部而言，

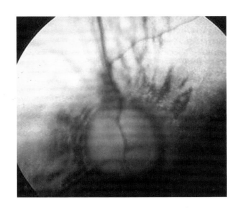

图 115.1　眼球突出患犬眼底图像

犬视神经前部的迅速减速可导致 ONH 撕脱、眼球破裂、视神经撕裂和萎缩，以及 ONH 血管的损伤。外伤后的出血可能会破坏视神经实质或在神经鞘内积聚。外伤导致的视神经出血或血供中断也可导致视神经血管受损，这是睫状后短动脉形成血管血栓以及随后的缺血造成的。穿透性异物、压迫、眶骨骨折的直接损伤以及额部撞击可导致小管内视神经损伤。

Ⅱ.诊断为外伤性视神经萎缩。已提倡包括全身高渗性药物和全身性皮质类固醇治疗在内的多种治疗方案。患有视神经萎缩的犬视力无法恢复。

病例 116　病例 117

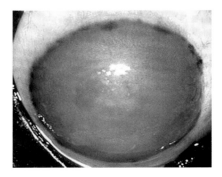

图 116.1　9 岁绝育波士顿㹴犬的患眼外观

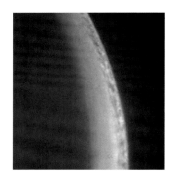

图 116.2　角膜水肿患眼裂隙灯检查图像

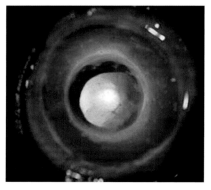

图 116.3　穿透性角膜移植术

病例 116：问题　一只 9 岁已绝育的雌性波士顿㹴犬具有 6 周渐进性蓝眼的病史（图 116.1）。该犬双眼眼内压为 15 mmHg。

Ⅰ. 该病例最可能的诊断结果是什么？

Ⅱ. 哪些品种易患该病？

Ⅲ. 该病的病理学是什么？

Ⅳ. 有哪些治疗方案？

病例 116：回答　Ⅰ. 诊断为角膜水肿，该病例中的角膜水肿是角膜内皮营养不良所致。未见角膜血管化和结膜充血且眼内压正常，因此排除了葡萄膜炎、青光眼、晶状体前脱位（见病例 34）和角膜溃疡。裂隙灯检查（图 116.2）显示了该角膜比正常角膜厚 3～5 倍（对比见病例 24）。

Ⅱ. 波士顿㹴犬、吉娃娃犬和腊肠犬。

Ⅲ. 内皮营养不良是一种进行性、双侧眼角膜内皮细胞变性，导致角膜出现水肿且无新生血管。营养不良的角膜内皮细胞数量减少并表现出纤维组织化生。随着细胞层变薄，内皮细胞的液体泵无法满足需求，房水渗漏进入基质中从而导致水肿。

Ⅳ. 在疾病早期，局部使用 5% 氯化钠可使液体从角膜中渗透出来从而降低水肿。当药物治疗无效时，建议进行角膜热成型术（见病例 242）、Gundersen 结膜瓣术或全层角膜移植术。采用新鲜、健康犬的角膜进行穿透性角膜移植术可获得最佳的长期效果（图 116.3）。

病例 117：问题　一只 6 岁灵缇犬出现如图所示的角膜溃疡（图 117.1）。治疗包括局部使用抗真菌药、抗生素、阿托品和血清。

Ⅰ. 描述该病变。细胞学检查显示有菌丝。

Ⅱ. 治疗 4 周后处于什么愈合阶段（图 117.2）？

Ⅲ. 患眼在治疗 6 周后处于什么阶段（图 117.3）？

病例 117：回答　Ⅰ. 存在一个伴有棕色环状的白细胞浸润区。浸润面积较大，涉及浅层和深层角膜。角膜几乎未见血管化，这是典型的真菌性溃疡。已使用扩瞳药散大瞳孔。

Ⅱ. 角膜真菌斑块较小并被血管浸润。角膜正在血管浸润下愈合与重塑。这是一个良好的反应。

Ⅲ. 溃疡已经愈合，留下一个小疤痕。瞳孔暂时保持散大状态。此时无需进行治疗。

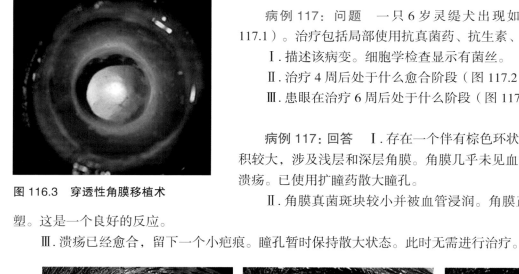

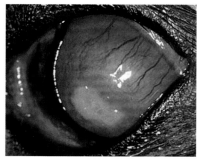

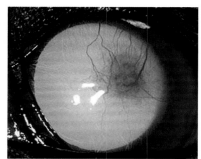

图 117.1　6 岁灵缇犬左眼外观　　图 117.2　患眼治疗 4 周后外观　　图 117.3　患眼治疗 6 周后外观

病例 118　病例 119

病例 118：问题　一只 4 岁雄性家养短毛猫的右眼具有 8 周虹膜颜色变化的病史（图 118.1、图 118.2）。

　Ⅰ. 虹膜颜色变化有哪些鉴别诊断？

　Ⅱ. 选择何种方法治疗？

病例 118：回答　Ⅰ. 鉴别诊断有葡萄膜炎、肿瘤、黑变病。

　Ⅱ. 虹膜黑变病无治疗方法。建议每 6 个月监测一次色素变化和眼内压。如果虹膜角膜角被色素阻塞，则可能发生青光眼。使用房角镜检查确定色素是否已迁移进入房角内。眼部超声检查可能有助于确定色素是否不仅只涉及虹膜的前表面。弥漫性虹膜黑色素瘤的治疗方法是眼球摘除术。眼球摘除的时机根据弥漫性虹膜黑色素瘤的进展而有所不同，并且因个体而异。大多数病例进展缓慢。肿瘤细胞存在于房水流出通路中大大增加了动物患青光眼以及转移到肝脏和肺脏的可能性。该显微照片来自一只患有虹膜黑色素瘤的猫，该虹膜黑色素瘤已经进展到虹膜的底部（1），如图 118.3 所示。虽然肿瘤细胞还未进入虹膜角膜角（2）或巩膜（3），但在该病例中，这种情况无疑是危险的。

图 118.1　4 岁雄性家养短毛猫双眼外观

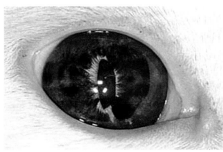

图 118.2　右眼虹膜颜色发生变化

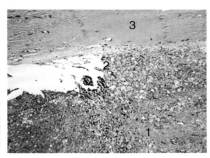

图 118.3　虹膜黑色素瘤患猫病灶区组织病理学切片

病例 119：问题　一只 6 岁爱尔兰雪达犬表现出图 119.1 中所见的神经眼科学症状，包括右眼约 2/3 的外侧上眼睑下垂、瞳孔散大、角膜感觉降低、眼球能动性减弱以及轻微斜视（图 119.2）。

　Ⅰ. 该犬神经眼科学疾病最可能的病因是什么？

　Ⅱ. 可以进行哪些诊断来帮助确定病变位置？

病例 119：回答　Ⅰ. 在犬中，动眼神经（CN Ⅲ）、滑车神经（CN Ⅳ）、外展神经（CN Ⅵ）以及三叉神经（CN Ⅴ）的下颌支和眼分支均一起穿过海绵窦并通过眶裂进入眼眶中。海绵窦综合征的临床表现与上述神经功能障碍有关，统称为眼肌麻痹。患眼外肌麻痹的动物眼球无法向内侧、背侧或腹侧旋转，上眼睑下垂，侧斜视，角膜敏感性降低，角膜眨眼反射可能减弱或消失，以及眼球无法回缩。海绵窦内动眼神经纤维的损伤可导致瞳孔扩张，无法通过直接或间接瞳孔对光反射收缩，并伴有眼内肌麻痹。然而，由于海绵窦综合征不影响视神经，因此，患侧眼到健侧眼的间接瞳孔对光反射是存在的。

　Ⅱ.CT 和 MRI 可以帮助诊断和定位该神经眼科学疾病。创伤和肿瘤是引起犬猫海绵窦综合征的病因。

图 119.1　6 岁爱尔兰雪达犬双眼外观

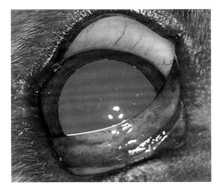

图 119.2　右眼外观

病例 120　病例 121

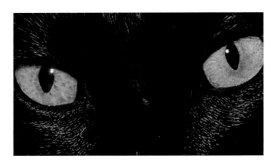

图 120.1　成年家养短毛猫双眼外观

病例 120：问题　一只成年黑色家养短毛猫双眼表现出不同的虹膜外观（图 120.1）。

　　Ⅰ. 右眼与左眼有何不同？

　　Ⅱ. 该猫发生此变化最可能的病因是什么？

　　Ⅲ. 该病变可能的病因有哪些？

　　Ⅳ. 该病有治疗方法吗？右眼的变化会通过治疗而消失吗？

病例 120：回答　Ⅰ. 右眼显示虹膜颜色发生变化。与左眼相比，右眼的虹膜中存在小而暗的病灶。

　　Ⅱ. 猫的葡萄膜炎可导致虹膜颜色发生变化和其他的临床症状（见病例 7）。猫葡萄膜炎的临床症状包括视力下降、眼睑痉挛、角膜水肿、房水闪辉、前房中充满纤维蛋白、前房积脓、前玻璃体浸润、瞳孔缩小和虹膜充血。

　　Ⅲ. 猫葡萄膜炎的病因包括猫免疫缺陷病毒、猫传染性腹膜炎、猫白血病病毒、真菌感染、弓形体病和巴尔通体病（病例 4、病例 177 和病例 189）。外伤、肿瘤、白内障和晶状体脱位也是猫葡萄膜炎的病因（病例 25、病例 148 和病例 178）。

　　Ⅳ. 猫葡萄膜炎的治疗包括使用皮质类固醇疗法来抑制炎症的发展和使用扩瞳药扩张瞳孔。葡萄膜炎引起的虹膜颜色改变不太可能解决。

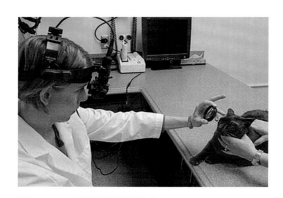

图 121.1　间接检眼镜检查

病例 121：问题　检查小动物眼睛的方法包括使用检眼镜，如图 121.1 所示的例子是使用手持式透镜和头戴式检眼镜（即间接检眼镜）。

　　Ⅰ. 与直接检眼镜相比，间接检眼镜有何优点？

　　Ⅱ. 如何有效地进行间接检眼镜检查？

病例 121：回答　Ⅰ. 双目间接检眼镜的优点是能够穿透混浊的介质、视野范围大、可检查到周边眼底、易于补偿屈光不正和眼球运动、立体视觉、检查者和患病动物之间的检查距离更远、可供 2 ~ 3 人同时进行观察，并且能够使检查者在危险程度较小的情况下检查相对不配合的动物。缺点是对特定区域的放大倍率较低并且需要药物散瞳。

　　Ⅱ. 将一束相当明亮的光源直接射入眼睛。将一个聚光透镜置于光源与眼睛之间。入射光线被聚集后用以照亮眼底。反射光随后被此透镜聚集，在透镜与光源之间形成一个虚拟、倒转的镜像。间接检眼镜检查可仅使用一个光源和一个透镜来进行。调整间接检眼镜，使光线稍偏离检查者的视野中心（以减少眩光）。轻握患病动物的口鼻，将透镜放置在距角膜 3 ~ 5 cm 的位置并开张上眼睑。刚开始通常将透镜靠近角膜以便观察眼底，然后远离眼睛直到图像达到最大尺寸。当手持透镜置于光源和眼睛之间时可看到眼底。镜像的放大倍数（2 ~ 4 倍）取决于手持透镜的屈光度。偶尔可能会出现光反射受阻，此时可以通过稍微倾斜镜头进行纠正。

病例 122　病例 123

病例 122：问题　一只 4 月龄的幼年混种犬右眼出现一个褐色的斑点（图 122.1）。
　　Ⅰ.描述该病变。
　　Ⅱ.该病是如何发生的？
　　Ⅲ.有哪些治疗方案？
　　Ⅳ.该病在哪些品种中可能会遗传？

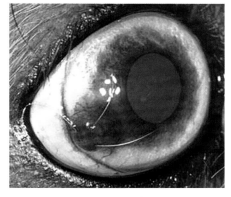

图 122.1　4 月龄混种犬右眼外观

病例 122：回答　Ⅰ.外侧角巩膜缘存在一个棕色、圆形、色素沉积、隆起的角膜病变，病变上存在白色毛发。这是一例角膜皮样囊肿病例。
　　Ⅱ.皮样囊肿的形成是妊娠期外胚层组织异常内陷所致，这导致在异常位置形成分化良好的正常组织。在组织学上，角膜皮样囊肿包含多种组织类型，包括腺体和软骨。
　　Ⅲ.通常需要手术切除皮样囊肿；浅表角膜切除术是最好的选择。皮样囊肿下方的角膜较薄，建议在手术显微镜下进行手术切除。
　　Ⅳ.该先天性疾病在腊肠犬、大麦町犬、杜宾犬、德国牧羊犬、圣伯纳犬和缅甸猫中具有家族性或品种相关性。

病例 123：问题　青光眼隐袭地损害视网膜和视盘，在没有治疗干预的情况下可导致部分至完全失明。
　　Ⅰ.从该犬的眼底图像（图 123.1）以及经胰酶消化过的视盘的扫描电镜图像（SEM）（图 123.2）中可以看到什么？
　　Ⅱ.青光眼的视盘存在怎样的病理过程？其对于挽救视力有何意义？

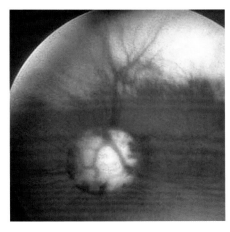

图 123.1　青光眼患犬患眼的眼底图像

病例 123：回答　Ⅰ.青光眼引起视神经和巩膜筛板向后移位，或视盘"杯状凹陷化"。圆形的视神经乳头（ONH）在视网膜血管平面失焦，其聚焦于视盘中心更深处的血管处。这是由眼内压（IOP）升高导致视盘向后移动所致。在扫描电镜中发现所有神经组织均缺失。由于眼内压升高，巩膜筛板向后移动形成"视神经杯"，该现象可通过检眼镜在晚期青光眼患犬中观察到。电子扫描镜显示层状孔隙受压缩，这表明在青光眼中视神经轴突难以穿过这些孔隙。
　　Ⅱ.巩膜是一种坚固且富有弹性的纤维组织，但随着眼内压突然和长期地升高，其胶原蛋白和弹性蛋白纤维会发生功能性和解剖上的改变。视神经轴突和眼部血管穿过巩膜的专门区域被称为巩膜筛板。眼内压的升高导致巩膜筛板向后扭曲和压缩，从而影响轴突内的轴浆流动并减少 ONH 的血供。与青光眼相关的 ONH 杯状化是由于 IOP 的改变引发视神经轴突的死亡以及筛板结缔组织发生压缩、拉伸和重新排列。随着 ONH 和视神经轴突损伤的发展，出现瞳孔散大和视力受损的临床症状。

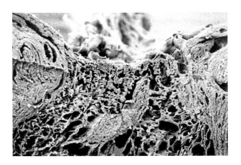

图 123.2　扫描电镜图像

病例 124　病例 125　病例 126

图 124.1　4 月龄西施犬左眼外观

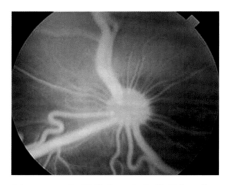

图 125.1　视网膜脂血症患猫眼底图像

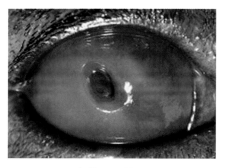

图 126.1　5 岁德国牧羊犬右眼外观

病例 124：问题　该 4 月龄西施犬在出生时就存在如图所示的异常（图 124.1）。

Ⅰ.该幼犬患有哪种眼科疾病？

Ⅱ.该病的后果是什么？

病例 124：回答　Ⅰ.宽睑裂或巨睑裂。这是一种睑裂对称性增大和变宽的情况，主要见于眼眶较浅的短头犬和一些大型犬。眼球在自然状态下近乎突出，暴露大部分巩膜和结膜。

Ⅱ.在该犬中，此情况还导致眼睑、眨眼和泪液功能不同程度的障碍。可发生慢性结膜炎症和角膜刺激。在轻症病例中，使用眼膏可保护角膜。若巨睑裂的犬出现角膜问题，建议采用外眦成形术进行矫正。

病例 125：问题　图示为一只患有视网膜脂血症的幼猫眼底镜照片（图 125.1）。什么是视网膜脂血症，其意义是什么？

病例 125：回答　视网膜脂血症是指在检眼镜下可见到脂质、脂蛋白或两者同时存于视网膜血管中的疾病。该病在猫中较为少见并且不会引起视网膜病变。以脂质合成或降解缺陷为特征的疾病，如糖尿病、甲状腺功能减退和由于脂蛋白脂肪酶缺乏引起的家族性高胆固醇血症可发生视网膜脂血症。高脂饮食也可导致视网膜脂血症。

病例 126：问题　一只 5 岁德国牧羊犬因患尿路感染而使用甲氧苄啶－磺胺甲恶唑治疗。治疗 2 周后，该犬因眼部表现异常而就诊（图126.1）。

Ⅰ.描述临床症状并确诊。

Ⅱ.该犬眼部状况的可能病因有哪些？

Ⅲ.如何治疗？

病例 126：回答　Ⅰ.该角膜存在轴向、深层角膜溃疡并伴有弥漫性角膜水肿，以及来自背侧和鼻侧角巩膜缘的角膜血管化。溃疡中央清晰透明表明该区域为后弹力层膨出，这是一种深度角膜溃疡，其中角膜上皮和基质已完全损害，病变处仅剩余后弹力层和角膜内皮。当对角膜进行荧光素染色时，溃疡外围裸露的角膜基质可观察到染料着色，但溃疡中央区域未见着色，这证实了后弹力层膨出的诊断。

Ⅱ.由感染、干燥性角膜结膜炎（KCS）、化学烧伤和外伤引起的深度角膜溃疡可能发展为后弹力层膨出和角膜穿孔。在该病例中，全身使用磺胺成分的抗生素对泪腺具有毒性，其导致泪液的产生严重减少和 KCS，从而导致角膜溃疡。过多的泪膜蛋白酶随后造成基质损失和后弹力层裸露。

Ⅲ.大多数后弹力层膨出可通过结膜瓣移植或角膜移植成功治疗。应积极进行药物治疗，包括抗蛋白酶药物（如血清、EDTA 和 N－乙酰半胱氨酸）、局部和全身使用广谱抗菌药物（由培养和药敏试验结果决定）、散瞳药（如阿托品）和全身使用非甾体抗炎药（NSAID）。

病例 127　病例 128

病例 127：问题　动物的临床症状有时暗示单眼或双眼眼内压（IOP）异常。IOP 可通过压平式眼压测量法进行评估（图 127.1）。

　Ⅰ. 正常的 IOP 值是多少？

　Ⅱ. 低 IOP 意味着什么？

　Ⅲ. 如果眼压计不能正常工作时应如何处理？

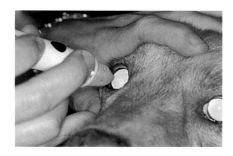

图 127.1　压平式眼压测量法

病例 127：回答　Ⅰ. 眼压测量法是一种间接测量或评估眼内压的方法。压平式眼压测量法是测量压平角膜恒定面积所需的力。最流行的压平式眼压计如 TonoPen，非常准确且便于使用，使得动物青光眼的诊断变得更加容易。正常 IOP 值为：犬，（16.8±4.0）mmHg；猫，（20.2±5.5）mmHg。

　Ⅱ. 低 IOP，通常 <10 mmHg，应怀疑前葡萄膜炎。对比双眼 IOP 有助于确定是否存在葡萄膜炎。必须同时存在葡萄膜炎的临床症状时才能做出该诊断。

　Ⅲ. 如果 TonoPen 无法测量时，首先更换 TonoPen 尖端的帽子并重新校准。当 TonoPen 显示 "GOOD" 时表明仪器已经校准完成。若 TonoPen 显示为 "BAD" 则需要重新校准一次。如果 TonoPen 读数的水平误差大于 5%，则必须重新测试。测量眼内压时务必轻击角膜中央区域以获得最准确的读数。

图 128.1　成年猫双眼外观

病例 128：问题　该成年猫的右眼虹膜发生了颜色变化（图 128.1、图 128.2）。右眼存在一个巨大的色素化肿块，该病例被诊断为葡萄膜肿瘤。由于肿瘤体积较大且位于外周虹膜处，因而对该病例实施了眼球摘除。对摘除的眼球进行解剖以揭示肿瘤浸润的程度（图 128.3）。

　Ⅰ. 描述在图 128.1、图 128.2 中观察到的临床症状。

　Ⅱ. 该成年猫最可能的诊断结果是什么？

　Ⅲ. 如果存在这种肿瘤的转移，那么在组织病理学上，肿瘤细胞位于眼球内的什么位置？

图 128.2　右眼外观

　Ⅳ. 这类肿瘤在晚期可能会发生什么继发性疾病？

　Ⅴ. 如果发生转移，肿瘤可能扩散到哪两个部位？

　Ⅵ. 如果怀疑该类型肿瘤，应何时进行眼球摘除？

病例 128：回答　Ⅰ. 与左眼相比，右眼的虹膜颜色发生变化。仔细检查发现右眼虹膜上存在一个隆起的深棕色、增厚且边缘不规则的肿块，其外侧大于内侧。该肿块似乎累及引流角。瞳孔扩张，且从 9 点钟到 12 点钟的区域出现变形。

　Ⅱ. 诊断为葡萄膜黑色素瘤。

图 128.3　患眼摘除后的眼球

　Ⅲ. 肿瘤细胞脱落并在前房内循环。随后它们移动到房水流出通路中，通过组织学可在滤过网和巩膜静脉丛中发现它们。随后这些肿瘤细胞进入循环系统并可发生转移。

　Ⅳ. 如果肿瘤浸润并阻塞了大部分引流角则可能发生继发性青光眼（见病例 118）。

　Ⅴ. 肝脏和肺脏。

　Ⅵ. 经验丰富的眼科医生很难回答这个问题，因为大多数患眼仍具有视力。如果发现在虹膜、后上皮或睫状体存在侵袭性浸润，或发现任何色素沉着的肿块位于虹膜角膜内，则建议进行眼球摘除术。存在继发性青光眼也是眼球摘除的适应证。

病例 129　病例 130

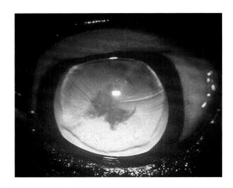

图 129.1　4 月龄杜宾犬眼部外观

病例 129：问题　该 4 月龄杜宾犬存在小晶状体和晶状体后囊混浊（图 129.1）。该犬无任何眼部疾病或全身性疾病史。已对该犬进行了药物散瞳。

Ⅰ. 您的诊断结果是什么？

Ⅱ. 该问题的病因是什么？

病例 129：回答　Ⅰ. 诊断为永存原始玻璃体增生症（PHPV）。

Ⅱ. 成年动物的晶状体无血管，但从胚胎学层面而言，晶状体具有一种称为晶状体血管膜的血供。玻璃体动脉由原始玻璃体组成，并为晶状体后部的血管膜提供营养。在该犬中，被称为 PHPV 的原始玻璃体 / 玻璃体动脉 / 晶状体血管膜组织明显增生并持续存在，而并未常规性萎缩。PHPV 存在于幼犬中，但可能到稍大的年龄才被发现。临床上，PHPV 表现为位于瞳孔后部靠近晶状体后囊和玻璃体前部的白色或纤维血管斑块。也可能存在血管向内生长进入玻璃体和晶状体皮质，并在玻璃体和晶状体皮质内明显出血、钙沉积、后圆锥形晶状体、小晶状体、晶状体缺损、晶状体内色素沉着、进行性白内障和细长的睫状突等情况。杜宾犬和斯塔福德斗牛㹴犬具有 PHPV 患病倾向。

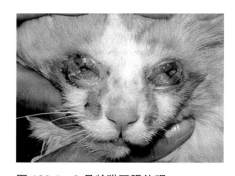

图 130.1　3 月龄猫双眼外观

病例 130：问题　一只 3 月龄幼猫出现双眼严重的眼睑痉挛、溢泪、黏液脓性分泌物、结膜炎并伴有球结膜水肿和睑球粘连（图 130.1）。

Ⅰ. 有哪些鉴别诊断？

Ⅱ. 可进行哪些诊断技术？

Ⅲ. 推荐什么治疗方法？

病例 130：回答　Ⅰ. 疱疹病毒（常见）、杯状病毒（少见）、衣原体和支原体（较少见）均是猫传染性结膜炎的病因。幼猫和青年猫最常受到影响。虽然疱疹病毒和杯状病毒经常伴有严重的上呼吸道感染，但结膜炎也可能会单独发生。

Ⅱ. 可进行病毒分离、结膜样本的间接荧光抗体染色以及采用聚合酶链式反应（PCR）来证实病毒的 DNA。疱疹病毒的 PCR 诊断技术是最敏感的检测方法，尽管正常、无症状的猫也可得出阳性结果。

Ⅲ. 病毒性角膜炎的初始治疗包括给予患眼 1% 三氟尿苷或 0.1% 碘尿苷的滴眼液，每天 3 ~ 9 次。局部应用阿糖腺苷有效，但该药有时难以获得。局部给予西多福韦（0.5%），每天 2 次对猫有效。全身和（或）局部应用 α_2- 干扰素（300 U/ 猫，口服，每天 1 次；患眼给予 1 滴，每天 3 次或 4 次）可能对其他疗法无效的猫有益。口服泛昔洛韦（62.5 mg/ 猫，每天 1 次或 2 次）连续 3 周可有效缓解疱疹病毒的临床症状。赖氨酸（250 ~ 500 mg，口服，每天 2 次）可以减少潜伏感染猫的病毒复制。如果存在角膜溃疡，建议同时使用广谱抗生素进行局部治疗。临床症状消退后，抗病毒治疗应持续 1 ~ 2 周。如果局部使用类固醇的话应当谨慎，因其会增加病毒脱落并促使猫疱疹病毒处于长期休眠中的病例临床症状爆发。

病例 131 病例 132

病例 131：问题　一只 3 岁雄性家养短毛猫表现出双侧眼睑内翻（图 131.1 ）。

Ⅰ.猫眼睑内翻的病因和临床症状有哪些？

Ⅱ.有哪些治疗选择？

Ⅲ.描述改良的 Hotz-Celsus 技术。

病例 131：回答　Ⅰ.眼睑内翻是睑缘向内卷曲导致眼睑毛发摩擦角膜。该病的临床症状包括溢泪、眼睑痉挛、结膜炎和角膜炎。眼睑内翻在猫中并不常见,但波斯猫除外。猫的眼睑内翻可能是小眼球引起的解剖性眼睑内翻、眼部疼痛引起的痉挛性眼睑内翻,以及疤痕导致的瘢痕性眼睑内翻。

Ⅱ.内科治疗包括局部使用润滑的眼膏来保护角膜免受眼睑毛发的损伤。外科治疗可分为暂时性或永久性。暂时性手术为使用不可吸收缝线将未成年动物的眼睑外翻或"钉住"。在计划和实施永久性眼睑内翻手术时,必须在全身麻醉之前评估矫正程度。眼睑内翻在外科治疗时应始终保持轻微的矫正不足,因为术后的疤痕会补充矫正程度。

Ⅲ.该技术相对简单,可适应猫大多数类型的眼睑内翻（图 131.2 ）。第一道切口平行于睑缘,距睑缘 2～3 mm,切口深至眼轮匝肌。切口的长度取决于受影响睑缘的长度。第一道切口的末端与腹侧椭圆形切口汇合,两道切口间的宽度由之前评估的翻转程度来确定。使用 4-0 至 6-0 不可吸收缝线进行简单间断缝合。

图 131.1　3 岁雄性家养短毛猫双眼外观

图 131.2　患猫术后双眼外观

病例 132：问题　该幼犬存在一小块区域的脉络膜发育不全（图 132.1 ）。

Ⅰ.与柯利犬眼异常（CEA）相关的"正常化"是什么？

Ⅱ.对于繁育者而言,哪些问题与 CEA 的诊断有关？

病例 132：回答　Ⅰ.一些柯利犬仅存在轻度、地图样、局灶性脉络膜发育不全。随着犬视网膜的成熟,这些脉络膜发育不全的苍白区域可能会被色素掩盖。因此到动物 12 月龄时,尽管受基因型影响,但这些存在局灶性脉络膜发育不全的眼睛在临床上可能表现正常,这被称为"正常化";然而,这些犬仍然受基因型影响,并且是 CEA 携带者。

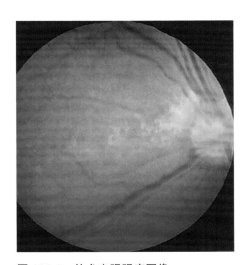

图 132.1　幼犬患眼眼底图像

Ⅱ.CEA 的诊断可在 4～8 周龄时进行。此时通常可鉴别出患病严重的幼犬。鉴于柯利犬的高患病率,根除 CEA 非常困难。对受影响最小的犬进行繁育并不一定能避免生育出严重患病的犬,但这是柯利犬繁育者用于降低 CEA 流行率的一种手段。

病例133 病例134 病例135

病例133：问题 一只7岁猫出现如图所示的异常（图133.1）。主诉已药物治疗该眼10个月。

　　Ⅰ.您怀疑这只眼睛有什么问题?

　　Ⅱ.该病的病因和病理生理学是什么?

　　Ⅲ.此处病变可能的并发症是什么?

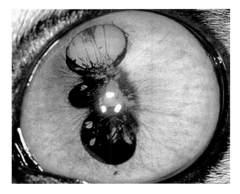

图133.1　7岁猫患眼外观

病例133：回答　Ⅰ.继发于前葡萄膜炎的虹膜后粘连和白内障。

　　Ⅱ.葡萄膜炎引起的缩瞳增加了晶状体与虹膜之间的正常接触。纤维蛋白导致了晶状体与虹膜之间的粘连。虹膜色素已迁移到晶状体囊膜的表面。葡萄膜炎产生的氧化损伤扰乱了晶状体的生理机能，从而导致白内障的形成。

　　Ⅲ.虹膜后粘连可阻塞房水通过瞳孔流动，从而导致青光眼。虹膜向前膨隆，引起虹膜角膜角疤痕和塌陷，导致眼内压升高。

病例134：问题 这张照片（图134.1）是一只11岁犬的直接检眼镜照片。

　　Ⅰ.描述所见的临床症状。

　　Ⅱ.哪些可能的病因诊断与该情况有关?

　　Ⅲ.该犬视网膜的哪个部分受到影响?

　　Ⅳ.对于出现这种情况的患病动物，最初应进行哪些诊断测试?

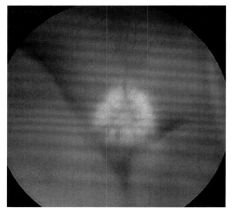

图134.1　11岁犬患眼直接检眼镜图像

病例134：回答　Ⅰ.腹侧眼底外周存在大疱性视网膜脱离。在前移的枕状大疱性脱离表面可追踪到视网膜血管。脱离的边界清晰可见。

　　Ⅱ.可能的病因诊断包括感染性（如蜱传播、细菌性和真菌性疾病）、先天性（如视网膜发育不良，见病例28）、代谢性（如高血压、糖尿病，见病例161）、肿瘤（如淋巴瘤）、免疫介导性（如葡萄膜皮肤综合征，见病例3和病例96）以及毒素相关。

　　Ⅲ.液体将九层感觉神经视网膜与视网膜色素上皮分离。

　　Ⅳ.获得完整的病史很重要，包括近期的旅行史、疫苗接种史和所有口服药物史。还应进行全血细胞计数、常规生化、蜱滴度、真菌滴度、血压和尿液分析。这些检查后可能还需要胸部和腹部X线片及腹部超声检查。该犬的视网膜脱离是由肾脏疾病引起的全身性高血压所致。

图135.1　患猫患眼外观

病例135：问题 该猫（图135.1）的右眼突然出现疼痛。它眯着眼睛，不断用爪子挠眼睛。在瞬膜后方的腹侧穹窿处发现一个异物（异物放在保定者的手指上）。这种木制异物会导致哪种类型的眼部损伤?

病例135：回答 眼部异物可导致浅表性角膜溃疡、深层角膜溃疡和伴有虹膜脱垂的角膜穿孔。最重要的评估要素是角膜的完整性。是否存在溃疡或角膜破裂?荧光素染色和仔细评估前房深度以及瞳孔大小将有助于评估角膜。感染也是一个令人担忧的问题。

病例 136 病例 137

病例 136：问题 一只 10 岁已绝育的雌性比格犬双侧角膜出现病变（图 136.1），眼睛无痛感且角膜荧光素染色不着色。

Ⅰ.描述临床病变。

Ⅱ.该病例最可能的诊断结果是什么？

Ⅲ.在文献中曾描述关于这种情况的三种形态学类型是什么？

Ⅳ.这些不透光病变在组织学上是由什么组成的？

病例 136：回答 Ⅰ.在视轴旁的角膜中可见一环状角膜不透光区，在角膜中央可见第二处不透光区。平滑的闪光伪影表明这些不透光区位于角膜内，而非角膜上皮。

Ⅱ.诊断为比格犬卵圆形脂质性角膜营养不良。

Ⅲ.病变位于上皮下方的基质中（与病例 40 相比）。脂质性角膜营养不良的星云状类型为均质性且呈毛玻璃样外观。跑道状类型为灰色椭圆环形，如该病例所示。它可贯穿位于整个角膜基质，并且比星云状类型具有更密集的不透光区。白色弧形类型同样密集，伴有针状样物质的白色斑块。

Ⅳ.使用冷冻切片技术，从组织学层面在脂质性角膜营养不良中发现胆固醇、中性脂肪和磷脂。透射电镜（图 136.2）检查显示沉积物在结构上可表现为结晶性。沉积物（箭头）随机地位于角膜板层内（Ⅰ）。

病例 137：问题 一只 3 岁半的混种犬出现溶解性角膜溃疡和明显的角膜基质缺失（图 137.1）。通过手术（图 137.2）和药物治疗该溃疡。

Ⅰ.溶解性角膜溃疡的病理生理学是什么？

Ⅱ.溶解性角膜溃疡的治疗方法是什么？采用结膜瓣或羊膜移植有什么优势？

病例 137：回答 Ⅰ.在正常的角膜愈合过程中所产生的蛋白酶和胶原酶有助于清除失活的细胞和碎片。这些酶由角膜上皮细胞、成纤维细胞、多形核白细胞和微生物所产生。在一些角膜溃疡中，这些酶的过度产生或其抑制作用减弱有助于进行性角膜软化和角膜基质的快速"溶解"。

Ⅱ.成功治疗溶解性角膜溃疡的关键在于使用抗生素控制感染，并借助血清、EDTA 或 N- 乙酰半胱氨酸等抗蛋白酶来减少酶降解对角膜的影响。严重病例应每 1 ~ 2 h 给予一次抗蛋白酶药物（单独或联合给药）。然而，对于快速溶解性溃疡的手术治疗选择是结膜瓣或羊膜移植。结膜瓣为溃疡提供血液相关免疫成分的血浆灌洗、全身抗生素和天然抗胶原酶（如 α_2- 巨球蛋白），为虚弱的角膜提供角膜支持，提供纤维血管组织以填充角膜缺损部位，并为病灶提供血供。羊膜移植物提供大量的抗蛋白酶，并对虚弱的角膜提供物理性支持。

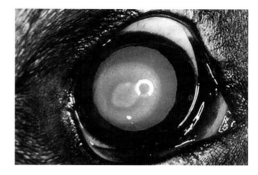

图 136.1 10 岁绝育雌性比格犬右眼外观

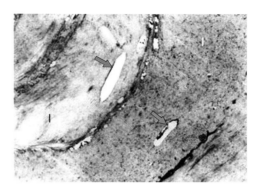

图 136.2 透射电镜检查可见结晶性沉积物（箭头处）

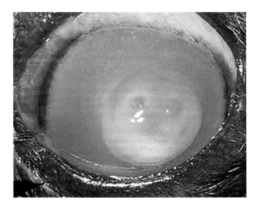

图 137.1 3 岁半混种犬患眼外观

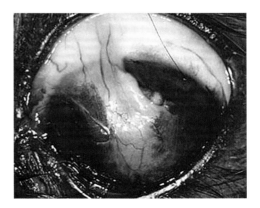

图 137.2 患眼术后 3 个月

病例 138 病例 139 病例 140

病例 138：问题 这只 6 周龄的幼年喜马拉雅猫获救后因右眼问题而就诊（图 138.1）。

Ⅰ. 该病例最可能的诊断结果是什么？

Ⅱ. 第一张图中覆盖在角膜上的物质是什么？

Ⅲ. 推荐的治疗方案是什么？

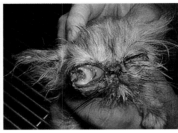

图 138.1 6 周龄幼年喜马拉雅猫右眼外观

病例 138：回答 Ⅰ. 该幼猫存在大面积虹膜脱垂和角膜脓肿。

Ⅱ. 幼猫渴望进食，导致它把食物盖在脸上！

Ⅲ. 小心地摘除眼球，该猫恢复很好。

病例 139：问题 这只 4 月龄的爱尔兰塞特犬存在先天性异常（图 139.1）。

Ⅰ. 这是什么异常？

Ⅱ. 治疗方案是什么？

图 139.1 4 月龄爱尔兰塞特犬双眼外观

病例 139：回答 Ⅰ. 眼睑皮样囊肿。眼睑皮样囊肿是眼睑内或睑缘的异位皮肤岛。它们通常与邻近结膜的一些发育不良性畸形有关。常见于外眦附近的下眼睑。德国牧羊犬、大麦町犬、圣伯纳犬存在遗传倾向。眨眼异常以及毛发朝向角膜方向生长，引起慢性刺激并导致角膜水肿、血管化和色素沉着。

Ⅱ. 治疗包括切除眼睑和结膜的异常部位，尤其是受累区域中的异位毛囊。当睑缘广泛受累时，有必要进行眼睑成形术。

病例 140：问题 一只 10 岁雌性德国牧羊犬进行年度疫苗接种。在眼科检查时发现晶状体核的混浊度增加，双眼存在大量点状不透光区（图 140.1）。

Ⅰ. 该病例的诊断结果是什么？

Ⅱ. 这种情况的病理生理学是什么？

Ⅲ. 治疗方案是什么？

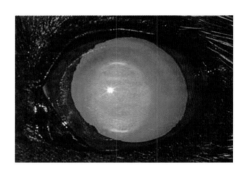

图 140.1 10 岁雌性德国牧羊犬患眼外观

病例 140：回答 Ⅰ. 诊断为核硬化和核性白内障。

Ⅱ. 发育完全的正常晶状体纤维由长的杆状细胞组成，具有明显的"球窝状"细胞间附着物，这允许晶状体纤维在调节过程中改变形状。在白内障中，随着细胞膜完整性的降低，这些晶状体细胞变得肿胀（图 140.2）。结果导致发生肿胀的纤维的结构均匀性丧失，光线通过该区域的传输能力受阻。通常以小范围的不透光区开始，不透光区域最终合并后阻挡光线并影响视力。核硬化是一种与年龄相关的晶状体混浊，与核脱水和晶状体蛋白改变有关。核硬化不是真正的白内障。

Ⅲ. 如果视力丧失严重，则需要摘除晶状体，但由于该犬具有功能性视力，因此未对其晶状体进行摘除。

图 140.2 一个肿胀晶状体纤维的扫描电子显微图

病例 141　病例 142

病例 141：问题　为了与病例 140 中的 10 岁雌性德国牧羊犬进行比较，对一只蓝眼的 11 岁雌性拉布拉多寻回猎犬进行了检查。后部反光照明法通过散大的瞳孔显示中央致密的晶状体核，伴有外周清晰的光晕（图 141.1）。

　　Ⅰ. 该病例的诊断结果是什么？

　　Ⅱ. 这种情况的病理生理学是什么？

　　Ⅲ. 治疗方案是什么？

病例 141：回答　Ⅰ. 诊断为核硬化。

　　Ⅱ. 这种情况在病理生理学上是一个致密的晶状体核，并非真正的病理过程。随着晶状体的老化，为了给新形成的晶状体纤维腾出空间，晶状体核中的晶状体纤维被压缩（图 141.2）。细胞核变得相对脱水和紧密，由此不再完全透明。晶状体纤维的排列仍相对正常。动物年龄越大，晶状体核越紧密。

　　Ⅲ. 无需治疗。尽管通过晶状体微调视觉的能力随着年龄的增长而逐渐减弱，直到完全丧失，但只要晶状体中心透明，动物就应该具有视力。这种情况对小型家畜的视觉行为影响极小。

病例 142：问题　在这个患病动物中，由于全身使用抗生素引起突发的干燥性角膜结膜炎（KCS），并已经形成了急性角膜溃疡（图 142.1）。注意荧光素如何在溃疡中心不着色（图 142.2）。

　　Ⅰ. 描述这两张照片中的临床症状？

　　Ⅱ. 该角膜问题的诊断结果是什么？

　　Ⅲ. 磺胺类抗生素引起 KCS 的机制是什么？

　　Ⅳ. 与该角膜问题相关的迫切问题有哪些？

　　Ⅴ. 在手术修复前，应始终对这种角膜问题进行什么诊断试验？

　　Ⅵ. 该病例应如何手术处理？

病例 142：回答　Ⅰ. 存在瞬膜突出伴有中度充血和球结膜水肿、中度弥漫性角膜水肿和角膜视轴区的一个深黑色凹陷或后弹力层膨出。凹陷边缘为荧光素染色阳性，而凹陷中心为荧光素染色阴性。

　　Ⅱ. 诊断为后弹力层暴露所导致的后弹力层膨出。后弹力层不被荧光素染色（见病例 194），犬的后弹力层厚度仅为 3 ~ 12 μm。角膜溃疡足够深时可形成后弹力层膨出，可能由感染、泪膜蛋白酶活性过高或创伤性损伤所致。在该病例中，深层角膜溃疡是由口服磺胺类抗生素继发的 KCS 引起的。

　　Ⅲ. 药物对泪腺的毒性作用。在某些病例中，如果仅短期内使用该类抗生素，那么停止抗生素给药后泪液分泌恢复正常。长期使用则可能导致永久性干眼。

　　Ⅳ. 由于后弹力层膨出较薄，即将发生眼球破裂。

　　Ⅴ. 在手术修复前，应先对所有后弹力层膨出的病例进行细菌和真菌培养。

　　Ⅵ. 应考虑结膜瓣或羊膜移植。结膜瓣可以为受累区域提供结构支持和直接血供。如果可行，角膜移植或角巩膜移植术也是可接受的手术选择。

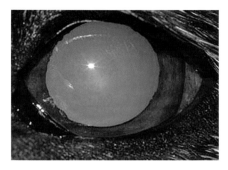

图 141.1　后部反光照明检查散大瞳孔

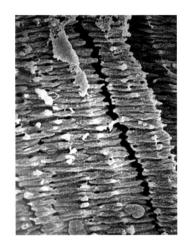

图 141.2　老化的晶状体纤维的扫描电镜图，形状变得更像手风琴，但同时也失去了柔韧性

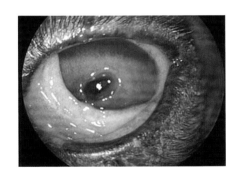

图 142.1　患眼急性角膜溃疡

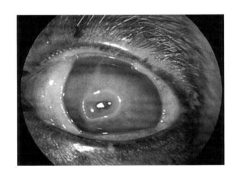

图 142.2　荧光素染色检查

病例143　病例144

病例143：问题　该犬出现溶解性角膜溃疡和角膜细胞浸润（图143.1）。使用拭子对溃疡进行采样和培养。角膜培养显示有假单胞菌属感染。

Ⅰ.该犬溶解性溃疡的病理生理学是什么？

Ⅱ.带蒂结膜瓣的优势是什么？

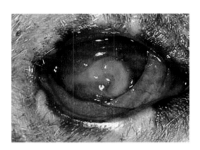

图143.1　患犬右眼溶解性角膜溃疡和角膜细胞浸润

病例143：回答　Ⅰ.由细菌引起的机会性感染常见于角膜溃疡中。许多犬和猫的溶解性溃疡病例涉及假单胞菌属。此类溃疡通常为进展迅速的溶解性角膜溃疡，需要立即手术治疗。手术前应对溃疡进行培养和药敏试验，并根据结果调整初始的抗菌治疗方案。关于溶解性溃疡的病理生理学和治疗的更多详细信息见病例137。

Ⅱ.使用带蒂结膜瓣（图143.2、图143.3）仅覆盖正常角膜的一小部分，可允许临床医生观察到大部分角膜和前房，进而可持续检查这些结构，以便监测溃疡进展和可能出现的前葡萄膜炎。仅覆盖一小部分角膜也可让动物继续保持视觉。推进式结膜瓣或瞬膜瓣在治疗期间会导致眼睛失明。结膜瓣放置3～8周后，应在角巩膜缘处切断移植物的基底部来中断血供。该操作通常可使用表面麻醉和Stevens切腱剪进行。消除血供将使结膜瓣退缩并减轻由此产生的角膜疤痕。

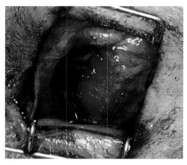

图143.2　带蒂结膜瓣

病例144：问题　一只幼年澳大利亚牧羊犬出现多处先天性眼部缺陷（图144.1～图144.2）。双眼均存在小眼球。双眼瞳孔变形。眼底检查发现赤道部缺损并伴有视网膜撕裂。

Ⅰ.缺损是指什么，它是如何在胚胎学上形成的？

Ⅱ.在澳大利亚牧羊犬中，与赤道部缺损相关的综合征叫什么？

Ⅲ.描述澳大利亚牧羊犬赤道部缺损的组织学外观。

图143.3　患眼术后照片

病例144：回答　Ⅰ.缺损是一种组织缺陷（图144.3）。在胚胎学上，澳大利亚牧羊犬缺损的形成是由于视网膜色素上皮（RPE）的原发性缺陷和形成减少，进而导致脉络膜和巩膜局灶性发育不全（见病例87）。

Ⅱ.苏格兰牧羊犬眼部发育异常，是一种伴随着小眼畸形、小角膜、虹膜异色症、瞳孔变形、瞳孔异位、虹膜发育不全、白内障、视网膜脱离和巩膜缺损的综合征。

Ⅲ.组织病理学检查缺损时显示病变部位的脉络膜血管减少至缺失，伴有RPE缺失，以及伴有薄且不规则的巩膜封闭缺损处。视网膜无法附着于RPE较少的区域，并有可能发育异常。在图144.4中可见视网膜聚集在一起，脉络膜裂未能正确闭合，视网膜色素上皮已停止形成。

图144.1　幼年澳大利亚牧羊犬双眼外观

图144.2　患犬左眼外观

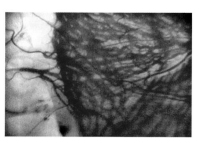

图144.3　缺损的眼底镜图像

图144.4　光学显微镜观察

病例 145　病例 146

病例 145：问题　一只 9 月龄西施犬具有 2 周眼睑痉挛、溢泪、角膜水肿和角膜血管化的病史。局部已使用了荧光素染色（图 145.1）。

Ⅰ.您的诊断结果是什么？

Ⅱ.在年轻的短头犬中出现这种情况的可能病因是什么？

Ⅲ.有哪些治疗方案？

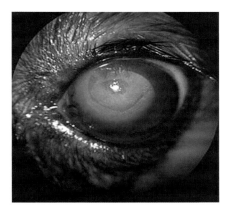

图 145.1　9 月龄西施犬患眼荧光素染色

病例 145：回答　Ⅰ.诊断为浅表性角膜溃疡，可见溃疡边缘的下方有荧光素着色。这是一例惰性溃疡。染色剂在溃疡松散边缘的下方扩散，产生比已暴露的基质更大的荧光素着色面积。

Ⅱ.短头犬的惰性角膜溃疡可为原发性或继发于睫毛或眼睑异常、角膜水肿、感染或泪膜异常。异位睫从睑板腺向下生长并穿过睑结膜长出，如本病例（图 145.2）。该情况几乎总是发生在上眼睑中心附近。毛发通常非常细小，需要放大才能观察到。荧光素染色可覆盖异位睫，使其更易于观察。患有异位睫的动物常存在严重的眼部疼痛和慢性角膜溃疡。将眼睑外翻并寻找含有毛发的乳头样突起组织作出诊断。

Ⅲ.结膜切除术是首选的治疗方法。

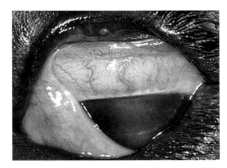

图 145.2　本病例患眼外观

病例 146：问题　一只 7 岁的雌性猎犬因左眼眶发炎（图 146.1）而就诊。动物主人注意到该犬在过去几天内食欲废绝，并且其左侧面部正排出一些物质。该犬对左眼眶周围施加的轻微压力相当敏感，对其进行口腔检查时也是如此。毫无疑问，它正处于巨大的痛苦中。分泌物多为黏液脓性。口腔黏膜肿胀，肿胀区域主要位于同侧最后臼齿的后方（图 146.2）。血细胞计数分析显示中性粒细胞计数升高（中性粒细胞增多）。

Ⅰ.该病例最可能的诊断结果是什么？您预计该犬的眼睛会直接受累吗？

Ⅱ.推荐的治疗方法是什么？

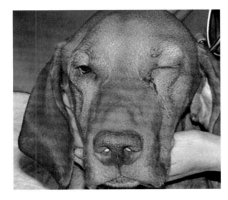

图 146.1　7 岁雌性猎犬左眼眶发炎

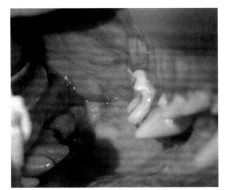

图 146.2　口腔检查

病例 146：回答　Ⅰ.该犬很可能患有眼眶或球后脓肿或蜂窝织炎。在大多数这种病例中，眼睛预计不会受累。

Ⅱ.在该病例中，眼睛表现正常，眼内压正常。强烈建议给予全身性抗生素。很少有分散的脓肿需要引流，但在使用抗生素后复发的病例中，小心地手术引流眼眶脓肿或蜂窝织炎囊非常重要。

病例147　病例148

病例 147：问题　一只年龄较大的白色家养短毛猫被送来就诊，右眼背外侧眼睑存在溃疡性病变（图 147.1）。无外伤史，主诉该猫在室内饲养。

Ⅰ.根据外观表现，该病例可能的诊断结果是什么？

Ⅱ.讨论该病变的病因和病理生理学。

Ⅲ.图 147.2 中进行了什么手术？

病例 147：回答　Ⅰ.诊断为鳞状细胞癌（SCC）。

Ⅱ.鳞状细胞癌是猫眼睑最常见的肿瘤。其患病率随年龄增长而升高，最常见于白猫。这些肿瘤通常与睑缘有关，呈溃疡或结痂状，稍隆起。虽然只有在疾病进展的情况下才有可能发生转移，但肿瘤可能在局部具有很强的侵袭性。

Ⅲ.虽然冷冻疗法和远距离放射治疗 / 放疗通常对鳞状细胞癌有效，但最有效的治疗方法是手术切除。采用"H"形皮瓣技术（"H"形眼睑成形术）切除该猫的肿瘤。"H"形皮瓣是切除全层眼睑肿瘤的有效方法。这是一种使用肿瘤远端皮瓣的滑动皮瓣技术。首先，在肿瘤两侧做两个切口，然后在线形切口的范围内切割两个等大的三角形。切除肿瘤，然后小心分离皮瓣，将皮瓣缝合在肿瘤留下的缺损处。这是一种相对简单的手术，有效且术后眼睑疤痕极小（图 147.3）。

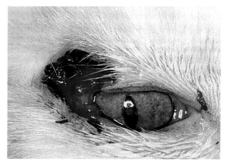 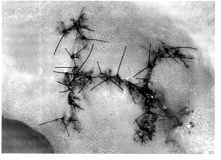 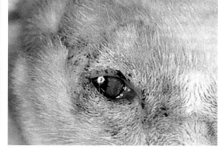

图 147.1　年龄较大的白色家养短毛猫右眼外观　　图 147.2　手术后外观　　图 147.3　患猫右眼术后 2 个月切口愈合

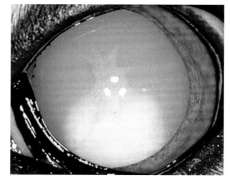

图 148.1　10 岁家养短毛猫左眼外观

病例 148：问题　主诉该 10 岁家养短毛猫出现"突然发展的白内障"（图 148.1）。

Ⅰ.讨论该猫白内障的形成。

Ⅱ.您会建议手术摘除该白内障吗？

病例 148：回答　Ⅰ.原发性和遗传性白内障在猫中不如在犬中常见。猫的白内障大多数继发于创伤、葡萄膜炎、糖尿病、晶状体脱位或青光眼。这是一例莫尔加尼氏类型的白内障。当白内障的外层皮质再吸收和液化时，更加不透光和更重的晶状体核已经由于重力的作用向腹侧沉降。葡萄膜炎通常与莫尔加尼氏白内障相关，后者被认为是过熟期白内障的一种变型。由于皮质再吸收，这些白内障的晶状体囊膜出现褶皱。

Ⅱ.对猫进行超声乳化术，据报告其成功率高于犬。猫的葡萄膜对手术的创伤反应较小，术后炎症更易控制，因此成功率较高。

病例 149 病例 150 病例 151

病例 149：问题 这只中年拉布拉多寻回猎犬的左眼下方出现了软性肿胀（图 149.1、图 149.2）。

Ⅰ.该病变有哪些鉴别诊断？

Ⅱ.需要哪些诊断测试和治疗？

图 149.1 中年拉布拉多寻回猎犬双眼外观

病例 149：回答 Ⅰ.颧骨唾液腺炎、涎腺囊肿或肿瘤；颧骨肿瘤；牙齿问题。

Ⅱ.细针穿刺和（或）活检、口腔和眼眶检查、CT/MRI 和平片成像有助于诊断。细针穿刺显示为颧骨唾液腺炎，全身性抗生素对其有效。

病例 150：问题 一只 3 岁暹罗猫的右眼内可见一个棕色肿块（图 150.1）。

Ⅰ.描述该病变。

Ⅱ.两个主要的鉴别诊断是什么？

Ⅲ.该病的病理生理学是什么？

Ⅳ.有哪些治疗方案？

图 149.2 左眼下方软性肿胀

病例 150：回答 Ⅰ.外侧瞳孔边缘有一个棕色椭圆形肿块。肿块似乎位于虹膜后方，与病例 27 中的情况相似。

Ⅱ.鉴别诊断为葡萄膜黑色素瘤和虹膜囊肿。区分这两者最简单的方法是透照肿块（见病例 27 和病例 53）。虹膜囊肿将允许毯部反射的光线通过肿块显示（见病例 150 中肿块的背侧部分）。黑色素瘤不会被透照，因为它们是实体组织。眼部超声可帮助诊断难以透照的肿块。

Ⅲ.虹膜囊肿的病理生理学是视泡形成视杯后，视力泡边缘的局限性扩张。囊肿可以是单个或多个，可游离漂浮或附着于虹膜后部或瞳孔边缘。

Ⅳ.虹膜囊肿无须治疗，除非囊肿损害视力。对于损害视力、阻塞房水流动或对角膜内皮造成机械损伤的囊肿可采用激光治疗。

图 150.1 3 岁暹罗猫右眼外观

病例 151：问题 一只 6 岁北京犬在 1 周前因眼球脱出就诊（图 151.1）。眼球脱出得到了复位，但动物主人表示担忧，因为该犬"再也无法正确地转动眼睛"。

Ⅰ.该病例发生了什么？

Ⅱ.是什么导致该犬出现这种情况？

Ⅲ.这种情况可以治疗吗？

图 151.1 6 岁北京犬双眼外观

病例 151：回答 Ⅰ.该犬患有继发于眼球脱出的斜视。斜视是外伤性眼球脱出的常见并发症。

Ⅱ.眼外肌通常因眼球脱出而继发撕裂或撕脱。最易受影响的肌肉是内直肌和下直肌以及下斜肌。当只有一条肌肉被撕裂时，斜视可能是暂时的并发症。如果三条或更多的眼外肌撕裂，则预后不良。该犬的下直肌和下斜肌可能断裂，导致出现背外侧斜视。

Ⅲ.如有必要，可修复眼外肌的位置。如果仅发生了部分撕裂，眼球偏离可在几个月内自发性缓解。任何暴露在外的球结膜都会出现色素沉着，但同时也及时地缓解了尴尬的眼部外观。

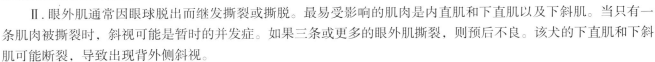

病例 152　病例 153

病例 152：问题　主诉猫回家后出现一只增大的蓝白色眼睛（图 152.1、图 152.2）。该猫感到疼痛，表现出溢泪和眼睑痉挛，并不断鸣叫。角膜荧光素染色阴性。右眼直接或左眼间接瞳孔对光反射缺失。

Ⅰ.该病例最可能的诊断结果是什么？

Ⅱ.这种疾病的病理生理学是什么？

Ⅲ.哪些其他诊断检查可能有助于诊断？

Ⅳ.您会如何治疗该猫？

病例 152：回答　Ⅰ.诊断为眼内炎，最有可能由异物或眼睛穿透伤引起。

Ⅱ.眼内炎发生在异物或爪子穿透眼睛后，异物或爪子可使细菌渗入玻璃体、前房和角膜。眼内炎也可由内源性全身感染所致。细菌感染导致炎症、中性粒细胞迁移和脓性渗出物形成。严重葡萄膜炎导致角膜水肿。炎性碎屑阻塞房角导致眼内压升高。

Ⅲ.该眼增大（牛眼）、严重角膜水肿、前房内含有大量的脓性物质。超声波将是评估眼内环境和眼部结构的一个极好的附加诊断工具。眼内炎将导致前房和玻璃体内出现点状高回声。眼压测量法对检查眼压很重要。

Ⅳ.该病例最人道的治疗方案是眼球摘除。该猫眼球摘除后充满脓液的眼球如图 152.3 所示。

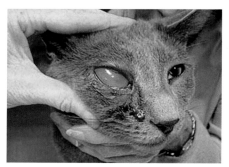

图 152.1　蓝猫双眼外观

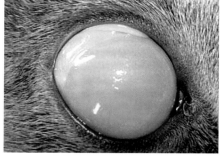

图 152.2　右眼外观

图 152.3　手术摘除的眼球

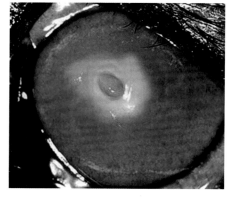

图 153.1　3 岁混种犬患眼荧光素染色检查图像

病例 153：问题　一只 3 岁混种犬出现视轴区虹膜脱垂。图示所见的颜色（图 153.1）是局部给予荧光素的结果。

Ⅰ.描述眼部发现。

Ⅱ.该问题的治疗方法是什么？

病例 153：回答　Ⅰ.存在中度、弥漫性角膜水肿伴随视轴区浅表性溃疡（伴有荧光素着色）。浅表性溃疡的中央是角膜穿孔，并伴有覆盖着淡红色纤维蛋白的虹膜脱垂。

Ⅱ.全层角膜穿孔可由深层角膜溃疡的进一步发展或外伤所致。虹膜前移以堵住角膜上的孔洞。由于穿孔存在感染和眼内炎性损伤的风险，故应建议对病变进行手术修复。手术前，应评估患眼的潜在视力。评估间接瞳孔对光反射和炫目反射可提供一些关于视网膜和眼后节完整性的信息。应考虑角膜穿孔的感染风险，术前进行细菌培养和药敏试验，以帮助指导用药治疗。结膜瓣、羊膜移植和角膜移植成功地治疗过角膜穿孔。生物工程猪小肠黏膜下层和来源于猪膀胱的细胞外基质已被用于替换缺失的角膜。

病例 154　病例 155　病例 156

病例 154：问题　这只 1 岁混种犬出现双眼眼睑痉挛（图 154.1）。

Ⅰ.眼睑痉挛的可能病因是什么？

Ⅱ.您应如何确定病因？

图 154.1　1 岁混种犬双眼外观

病例 154：回答　Ⅰ.眼睑痉挛是指眼睑肌肉痉挛导致眼睑闭合。由结膜、角膜和（或）眼内疼痛或刺激睑神经所致。角膜溃疡、青光眼、葡萄膜炎、干燥性角膜结膜炎、异物、双行睫、倒睫和异位睫毛可引起眼部疼痛。眼部疼痛可能导致眼球回缩进入眼眶内，并导致继发性第三眼睑突出。

Ⅱ.全面的眼部检查，包括活组织显微镜检查、眼内压测量和 Schirmer 泪液量测试（STT），应揭示导致眼睑痉挛的疼痛来源。本病例中眼内压在正常范围内，未发现异物或眼睑毛发疾病。STT 为 5 mm/60 min，活组织显微镜检查显示存在浅表性角膜炎和结膜炎。本病例存在眼睑痉挛并伴有眼球内陷，是角膜前泪膜缺乏引起的疼痛和不适所致。

病例 155：问题　您接诊到一只猫，该猫表现出精神沉郁、发烧、食欲不振和体重减轻。检查时，您还注意到角膜异常并存在"羊脂"样角膜后沉积物（KP）和前房积血（图 155.1）。

Ⅰ.该猫患了什么疾病？

Ⅱ.描述该疾病以及眼部变化的病理生理学。

Ⅲ.该猫的预后如何？

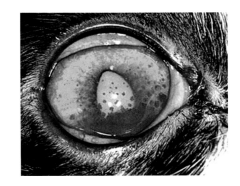

图 155.1　患猫患眼外观

病例 155：回答　Ⅰ.猫传染性腹膜炎（FIP）。

Ⅱ.FIP 是一种冠状病毒，以湿性和干性两种不同的形式存在（见病例 177 和病例 229）。脉管炎导致湿性 FIP 的临床症状。该疾病的肉芽肿性特征导致"羊脂"样 KPs 沉积到角膜上，如图 155.1 所示。也可导致脓性肉芽肿性脉络膜视网膜炎和血管周围套袖。

Ⅲ.目前尚无治疗该病的方法。尸检时做出确诊，皮质类固醇治疗和对症治疗的姑息疗法是唯一的治疗选择。

病例 156：问题　一只犬患有溶解性角膜溃疡。当荧光素染料停留在角膜上而未被冲洗掉时，注意到荧光素颜色发生渐进性变化（图 156.1）。此处有什么问题？

病例 156：回答　Seidel's 试验呈阳性，表明角膜中存在孔洞，房水通过孔洞渗漏。当房水通过角膜孔渗漏并稀释荧光素时，橙色的荧光素染料变为绿色或透明。Seidel's 试验应当用于所有深层溃疡和角膜缝合后。

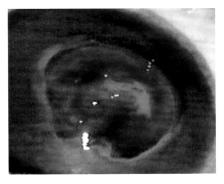

图 156.1　患犬患眼荧光素染色

病例 157　病例 158

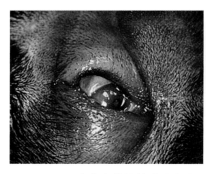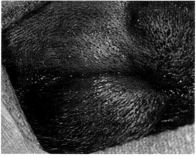

图 157.1　2 岁未去势雄性沙皮犬患眼外观

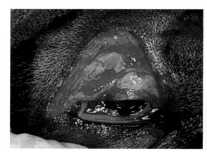

图 157.2　Stades 术式结合了上眼睑倒睫和眼睑内翻的矫正

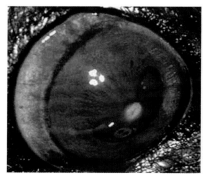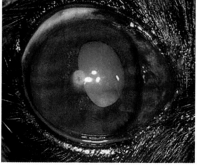

图 158.1　1 岁混种搜救犬患眼外观

病例 157：问题　一只 2 岁未去势的雄性沙皮犬出现双眼重度眼睑内翻（图 157.1）。请描述在一次手术中可以同时矫正眼睑内翻和倒睫的术式。

病例 157：回答　Stades 术式结合了上眼睑倒睫和眼睑内翻的矫正（图 157.2）。从距离上睑缘 0.5 ～ 1.0 mm 处垂直延伸至睑裂上方 15 ～ 25 mm，从距离内眦 2 ～ 4 mm 处水平延伸至外眦外侧 5 ～ 10 mm，切除一部分上睑皮肤。选择 4-0 或 5-0 不可吸收缝线，采用简单间断缝合或简单间断和连续缝合相结合的方法，将上睑皮肤与距睑缘 5 ～ 6 mm 的皮下睑层对合，部分闭合上睑伤口。紧靠上睑缘的上方暴露区域行二期愈合，由此产生的纤维化使上睑缘外翻。该区域可能会有色素沉着。该动物仍保留其面部皮肤褶皱，Stades 术式未明显改变该犬的整体外观。

病例 158：问题　一只 1 岁的混种搜救犬接受眼部检查。在靠近角膜中央处发现一个小的病灶（图 158.1）。

Ⅰ. 描述该病变。

Ⅱ. 该病例最可能的诊断结果是什么？

Ⅲ. 最常见的病因是什么？

Ⅳ. 有哪些潜在的长期并发症？

病例 158：回答　Ⅰ. 角膜存在一个小的椭圆形不透光区。在不透光区的中心有一块棕色色素沉着区域。瞳孔变形（形状异常）并且左侧的虹膜被向上拉向角膜。

Ⅱ. 已经愈合的角膜穿孔、小范围虹膜脱垂和虹膜前粘连。

Ⅲ. 外伤，如猫抓伤或异物刺伤。

Ⅳ. 如果穿孔非常小，那么穿孔的角膜可通过前粘连的虹膜愈合，如该犬。并发症可能包括眼内感染和相关的晶状体损伤。刺激损伤可损害角膜和晶状体囊膜，可能会导致葡萄膜炎和形成白内障（见病例 35 和病例 153）。

病例 159　病例 160

病例 159：问题　一只 13 岁的东奇尼猫双眼出现急性失明。

Ⅰ. 描述图 159.1 中观察到的病变。

Ⅱ. 该病例的诊断结果是什么？

Ⅲ. 这种情况有哪些鉴别诊断？

Ⅳ. 应该进行哪些检查？

Ⅴ. 这种情况的病理生理学是什么？

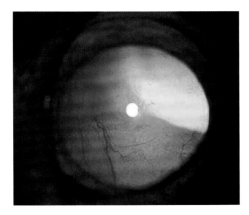

图 159.1　13 岁东奇尼猫患眼外观

病例 159：回答　Ⅰ. 紧靠晶状体的后方存在一层带有血管的组织膜。

Ⅱ. 诊断为大疱性视网膜脱离。

Ⅲ. 13 岁猫出现大疱性视网膜脱离的主要鉴别诊断是全身性高血压，除非另有证明。

Ⅳ. 任何出现双眼急性失明的猫均应评估其血压。患有高血压性视网膜病的猫收缩压通常为 160 ~ 200 mmHg 或更高。

Ⅴ. 眼睛是高血压损害的靶器官。当持续全身性高血压时，眼内的小直径血管收缩。正常情况下血管自动调节收缩，但这种自动调节在高血压条件下会发生崩溃，导致血管完整性受损。当内皮细胞和血管平滑肌受损时，血浆和红细胞发生渗漏。这种渗漏导致视网膜水肿及液体在感觉神经层内局部积聚。视网膜脱离是脉络膜脉管系统在病态情况下渗出的结果。

病例 160：问题　这只 8 月龄的玩具贵宾犬由于双侧眼下方均有明显变色而被带到诊所（图 160.1）。

Ⅰ. 描述临床结果。

Ⅱ. 解释这种情况的病理生理学和可能的治疗方法。

图 160.1　8 月龄玩具贵宾犬双眼外观

病例 160：回答　Ⅰ. 双侧泪溢并伴有鼻泪液染色。

Ⅱ. 许多短头犬和玩具犬的泪溢和泪液染色与泪液引流率降低有关，而不是由于内眦区和下泪点的多种异常而导致产生过多的泪液。下泪点和泪管常因轻微的鼻腹侧眼睑内翻而向内侧和腹侧移位，这使得内侧睑缘卷向角膜，部分阻塞泪点，并使泪管腔变窄和受压。此外，紧密的内眦韧带将内眦向腹侧移位，并与内眦处倒睫和眼睑倒睫相结合，从而加剧了这些犬的泪液溢出。棕色是细菌作用于泪膜蛋白所致。这种情况的治疗选择是观察及每日使用皮肤病药膏和过氧化氢清洁，或行双侧内眦成形术矫正倒睫和收紧内眦韧带。全身应用抗生素可减少严重病例的泪液染色。

病例 161　病例 162

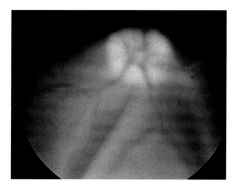

图 161.1　6 岁德国牧羊犬患眼治疗前眼底图像

图 161.2　患眼治疗 30 d 后眼底图像

病例 161：问题　一只 6 岁德国牧羊犬因失明而接受眼科检查。图示分别为治疗前（图 161.1）与治疗 30 d 后（图 161.2）的眼底照片。

Ⅰ. 该病例的诊断结果是什么？并解释图 161.1 所示的病理原因？

Ⅱ. 该犬问题的病因是什么？

Ⅲ. 您会如何治疗该犬？

病例 161：回答　Ⅰ. 诊断为渗出性大疱性视网膜脱离。视网膜脱离实际是视网膜感光层与色素上皮分离。视杆、视锥细胞与色素上皮细胞之间的紧密连接遭受破坏，导致视网膜缺氧。清除视网膜下方废物和液体的正常泵送机制不再起作用，因此液体在视网膜下腔聚集，形成大疱并向前推动视网膜。脉络膜视网膜炎或血管性高血压可导致液体和细胞在视网膜下腔沉积。大量的视网膜下方液体会导致视网膜向前膨胀，在极端情况下甚至延伸至晶状体的后表面。当脱离的视网膜向前移位时，通常使用聚焦光源可以很容易直接通过瞳孔观察到。

Ⅱ. 渗出性视网膜脱离，尽管实验室检查尚未确定其病因，但多年来在大型犬中已被确认，并被称为类固醇敏感型视网膜脱离。患犬通常具有急性视力丧失的病史。这种视网膜脱离为双侧眼非孔源性（视网膜无破孔）。德国牧羊犬和混种拉布拉多寻回猎犬常受影响。

Ⅲ. 如果及早开始治疗，即使是广泛的脱离也可复位，并恢复视力（图 161.2）。当怀疑类固醇敏感型渗出性视网膜脱离时，在排除潜在的感染和全身原因后，应尽快开始进行全身类固醇治疗。复位失败将导致受影响区域的视网膜变性和视力丧失。

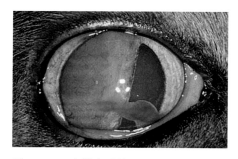

图 162.1　患猫患眼外观

病例 162：问题　一只猫的虹膜上存在超过虹膜面积 75% 的较大异常生长物，导致前房消失（图 162.1）。主诉该异常生长物已存在数月，但最近显著增大。

Ⅰ. 该病例有哪些鉴别诊断？

Ⅱ. 有哪些治疗选择？

Ⅲ. 该猫预后如何？

病例 162：回答　Ⅰ. 鉴别诊断包括淋巴瘤、黑色素瘤和腺瘤。黑色素瘤是猫最常见的原发性眼内肿瘤，与犬一样，它们在本质上可能为非色素化。

Ⅱ. 猫的葡萄膜黑色素瘤如果是结节性的即为良性，如果是弥漫性的即为恶性。治疗方法是眼球摘除术。

Ⅲ. 预后通常良好。黑色素瘤通常不像其他眼部肿瘤那样具有高度侵袭性。然而可能发生转移，因此建议摘除眼球（见病例 118）。

病例 163　病例 164

病例 163：问题　一只 7 岁迷你贵宾犬因精神沉郁和突然失明前来就诊。主诉该犬最近几天一直撞到墙上。这些图像来自直接检眼镜检查（图 163.1）。

Ⅰ. 描述您在这些眼底图片中的所见。

Ⅱ. 导致该犬视力下降可能的原因有哪些？

Ⅲ. 该病例最可能的诊断结果是什么？

Ⅳ. 这种疾病的病理生理学是什么？

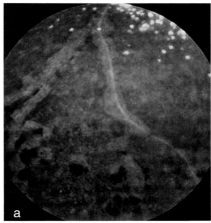

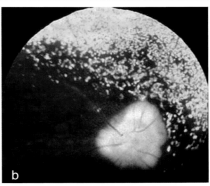

图 163.1　7 岁迷你贵宾犬眼底图像

病例 163：回答　Ⅰ. 可见视网膜血管系统衰退和存在"幽灵血管"，这些现象是因视网膜萎缩而形成的。图 163.1b 可见视盘，其颜色与形状表现正常。非毯部的边缘呈浅灰色变色，毯部呈轻度超反射（图163.1a）。

Ⅱ. 该视网膜疾病可能是药物毒性、维生素 E 缺乏或进行性视网膜萎缩（PRA）的结果。视神经炎和突然获得性视网膜变性也可能是这种现象的病因。

Ⅲ. 考虑到该病例中的特征，最可能的诊断为 PRA，或更具体地称呼为进行性视杆 - 视锥细胞变性（Prcd）。

Ⅳ. Prcd 是一种常见于多种犬的常染色体隐性性状疾病，包括迷你贵宾犬和玩具贵宾犬、可卡犬、拉布拉多寻回猎犬、葡萄牙水犬和澳大利亚牧牛犬。贵宾犬的患病率特别高。该病早在 3 岁时就表现出来，通常始于夜盲症。实际上，幼犬在 12 ~ 14 周龄就开始出现病理变化。变性过程始于视网膜下象限，并在疾病后期发展到上象限和颞象限。视杆细胞的生理机能在视锥细胞发展病理变化之前受到影响，但两种光感受器最终均受损。

病例 164：问题　一只 6 月龄幼猫的角膜上出现一个急性的灰色软斑（图 164.1）。

Ⅰ. 这种情况的鉴别诊断有哪些？

Ⅱ. 该病例最可能的诊断结果是什么？

Ⅲ. 应进行哪些诊断测试？

Ⅳ. 这种情况的病因是什么？

Ⅴ. 有哪些治疗选择？

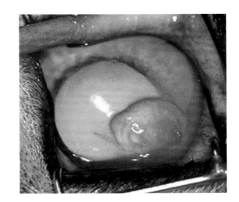

图 164.1　6 月龄猫患眼外观

病例 164：回答　Ⅰ. 鉴别诊断包括大疱性角膜病、后弹力层膨出、角膜异物、虹膜脱垂、溶解性角膜溃疡、上皮包涵囊肿和角膜内皮营养不良。

Ⅱ. 诊断为大疱性角膜病，这种急性情况通常出现在猫的双侧眼，并可能导致角膜穿孔（另一个例子见病例 99）。

Ⅲ. 应进行 Seidel's 试验，以帮助确定是否有房水通过角膜穿孔处泄漏。应进行角膜细胞学检查和培养。

Ⅳ. 对于猫大疱性角膜病有几种理论。内皮营养不良，如见于曼岛猫中，基质蛋白酶活性过高以及葡萄膜炎破坏角膜内皮功能可导致大疱形成。这种情况通常与之前使用局部类固醇有关。

Ⅴ. 积极进行内科治疗和外科治疗。该疾病的内科治疗包括局部使用抗胶原酶（EDTA、血清、N- 乙酰半胱氨酸）、广谱抗生素、散瞳药和高渗盐水（5％氯化钠）。如果眼睛没有破裂，手术选择包括瞬膜瓣和（或）睑缘缝合术。

病例 165 病例 166 病例 167

病例 165：问题 一只 14 岁混种犬出现单侧下眼睑（左眼）肿胀和少量黏性分泌物（图 165.1）。

Ⅰ. 基础眼科检查正常。可以进行其他什么测试来确定是否存在眼球肿块？

Ⅱ. 下一步骤是什么？

Ⅲ. 治疗方法是什么？

病例 165：回答 Ⅰ. 回推眼球。用手在眼球表面轻轻闭合眼睑，并同时将双眼眼球轻推回眼眶内。如果存在眼眶肿块，那么受影响的眼睛将无法像正常眼睛那样推回。在某些情况下可能会引起疼痛。该犬的眼球退缩正常且无疼痛感。

Ⅱ. 口腔检查。对于年龄较大的犬，需要对患眼侧的上臼齿进行彻底的牙科检查。发现牙根脓肿（图 165.2）是导致该犬和病例 146 下眼睑肿胀的原因。

Ⅲ. 拔除患齿以治疗牙根脓肿，拔除后进行数字 X 线检查以评估残余齿根尖。应轻轻刮除牙槽，以打开脓肿囊。在培养结果出来之前，应该开始使用广谱抗生素。下眼睑肿胀和眼分泌物应在 7 ~ 10 d 内完全消退。

病例 166：问题 该猫（图 166.1）瞳孔散大，眩目反射阴性。该眼存在什么情况？

病例 166：回答 正常情况下本应清晰且轮廓分明的视盘在该猫中表现为模糊且失焦。诊断为视神经炎。视神经炎少见于猫，其与猫传染性腹膜炎、弓形体病和隐球菌病有关。

图 165.1 14 岁混种犬双眼外观

图 165.2 患犬牙根脓肿

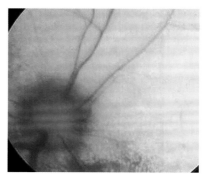

图 166.1 患猫患眼眼底图像

图 167.1 6 周龄幼猫双眼外观

病例 167：问题 一只 6 周龄幼猫出现睑球粘连（图 167.1）。

Ⅰ. 导致猫出现睑球粘连的主要病因是什么？

Ⅱ. 有哪些治疗选择？

病例 167：回答 Ⅰ. 主要病因是疱疹病毒性结膜炎。在一些猫中，结膜炎会变得很严重，导致结膜上皮发生溃疡。结膜上的溃疡区域可相互粘连，也可与溃疡性角膜病变形成粘连。如果不迅速分离，这些区域可能成为永久性粘连（睑球粘连）。睑球粘连可累及整个眼表角膜。

Ⅱ. 曾报道过一种结膜移位术，即切除睑球粘连部分，将其移回结膜，随后将其缝合到巩膜上。使用羊膜遮盖剩余的角膜溃疡也可防止复发。局部使用环孢素 A 和氟比洛芬也可能有助于减轻愈合过程中的炎症情况。

病例 168　病例 169　病例 170

病例 168：问题　这只成年家养短毛猫（图 168.1）的玻璃体和视网膜中存在一个肉色肿块。这种情况的鉴别诊断是什么？

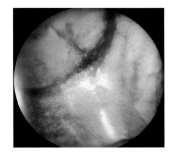

图 168.1　成年家养短毛猫患眼眼底图像

图 168.2　患猫葡萄膜腺瘤的光学显微镜图像

病例 168：回答　这是一只患有睫状体肿瘤的猫，该肿瘤导致视网膜变性和视网膜脱离。猫葡萄膜肿瘤最常见的原因是淋巴肉瘤、浆细胞骨髓瘤、癌或腺癌。该猫的肿瘤被确定为腺瘤（图 168.2），肿瘤占据了正常情况下本该玻璃体占据的空间。

病例 169：问题　这只 13 岁雄性巴吉度猎犬的主人担心她所看到的，并带着出现眼部问题的犬前来就诊（图 169.1）。

Ⅰ. 描述临床结果。

Ⅱ. 有哪些鉴别诊断？

Ⅲ. 治疗方法是什么？

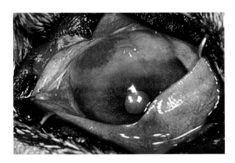

图 169.1　13 岁雄性巴吉度猎犬患眼外观

病例 169：回答　Ⅰ. 位于背侧（9 点钟至 2 点钟方向之间）的肉质角膜肿块，其外周环绕角膜水肿和血管化，约占角膜面积的 25%。

Ⅱ. 鉴别诊断包括鳞状细胞癌、淋巴肉瘤、血管瘤、血管肉瘤和腺癌。在幼犬中还应考虑病毒性乳头状瘤。通过活检确诊，该病例诊断为角膜血管肉瘤，该病在犬并不常见，但当其出现时则相当具有破坏性。血管肉瘤通常伴有广泛的角膜血管化和病灶周围水肿。

Ⅲ. 治疗包括角巩膜移植或眼球摘除术。

病例 170：问题　一只 4 岁家养短毛猫出现眼睛红肿的情况。主诉该猫 2 周来一直略有不适，但情况似乎越来越糟。她解释说，该猫与马、牛一起住在谷仓里，通常非常独立，最近却更常呆在谷仓周围。眼科检查显示在结膜内和角膜表面存在一些小的、白色可活动的条状物（图 170.1、图 170.2）。

Ⅰ. 这些小的白色条状物是什么？

Ⅱ. 描述这种感染是如何发生的。

Ⅲ. 治疗方法是什么？

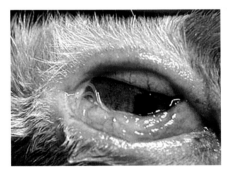

图 170.1　4 岁家养短毛猫患眼外观

病例 170：回答　Ⅰ. 加利福尼亚吸吮线虫。可在第三眼睑下方的结膜囊以及泪管中发现这种蠕虫。

Ⅱ. 感染加利福尼亚吸吮线虫始于苍蝇从泪液中吞下幼虫。幼虫在苍蝇体内发育约 30 d，当苍蝇在眼睛附近进食时，幼虫会再次附着在宿主的眼睛上。幼虫发育为成虫，长 10～14 mm。成虫以眼分泌物为食物来源。结膜损伤由幼虫角质层的侧锯齿造成。

Ⅲ. 治疗包括物理清除寄生虫。局部杀寄生虫药剂在某些病例中可能有用。

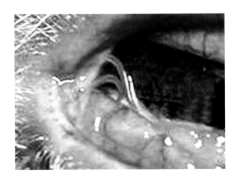

图 170.2　结膜内和角膜表面存在一些小的、白色可活动的条状物

病例 171　病例 172

病例 171：问题　一只 10 岁未绝育的德国牧羊犬在感染犬瘟热病毒（CDV）后幸存。它现在患有与 CDV 慢性感染相关的蠕形螨病以及如图所示（图 171.1～图 171.3）的眼部并发症。CDV 感染可能出现的眼部并发症有哪些？

图 171.1　10 岁未去势德国牧羊犬外观

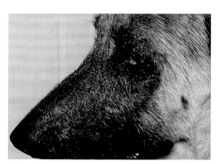

图 171.2　患犬左眼外观

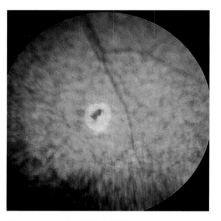

图 171.3　患眼眼底图像

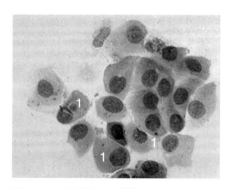

图 171.4　结膜细胞学检查发现犬瘟热包涵体（1）

病例 171：回答　双侧眼黏液性结膜炎是 CDV 感染的早期症状，在接触病毒后第一周内出现。随着时间的推移，分泌物变成黏液脓性，细胞学应答从单核变为多形核。细胞质包涵体并不常见，但其可存在于感染早期的结膜上皮细胞中（图 171.4）。CDV 引起泪腺和第三眼睑腺体的腺炎，并可能导致暂时性或永久性干燥性角结膜炎。急性单发性或多灶性脉络膜视网膜炎多发于 CDV 感染的犬。视网膜病变（图 171.3，"奖章状"病变）的外观与其他原因引起的视网膜炎相似，视网膜萎缩区域表现为毯部超反射和色素沉着。对视力的影响因视网膜病变的分布和数量而异。视神经炎与 CDV 有关。慢性犬瘟热引起的脑炎可导致中枢性失明，这会导致枕叶丘脑辐射线的脱髓鞘和星形胶质细胞增多。

病例 172：问题　图中展示了对一只犬进行经巩膜睫状体光凝术（图 172.1）。
　Ⅰ. 该技术的用途是什么？
　Ⅱ. 这种疗法的作用方式是什么？

病例 172：回答　Ⅰ. 用于青光眼的治疗。
　Ⅱ. 经巩膜睫状体光凝术通过破坏部分睫状体而降低房水的形成率。激光能量通过巩膜产生高热，导致睫状体突的色素上皮凝固。在犬中，探针必须置于角巩膜缘后方约 5 mm 处，以便到达睫状体突的位置。随着眼球增大，睫状冠的睫状突可能向后移位 0.5～1.0 mm。中等水平的激光能量可用于降低仍具视力眼球的眼内压，但过度应用激光能量可导

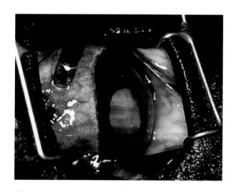

图 172.1　患犬经巩膜睫状体光凝术

致睫状体不可逆的破坏、永久性低眼压和眼球痨。在无色素（如西伯利亚哈士奇犬）眼中，激光睫状体光凝术的成功率较低。

病例 173　病例 174

病例 173：问题　一只 13 岁雄性家养短毛猫接受了检查，该猫具有 2 个月的虹膜颜色变化以及 2 周的眼部疼痛病史（图 173.1）。

　　Ⅰ. 描述病变。

　　Ⅱ. 有哪些鉴别诊断？

　　Ⅲ. 治疗方法是什么？

病例 173：回答　Ⅰ. 存在中度球结膜充血、浅表性荧光素阳性的角膜溃疡及瞳孔缩小。虹膜呈棕褐色，瞳孔边缘呈黄色，虹膜基质增厚和血管化。

　　Ⅱ. 主要鉴别诊断是前葡萄膜炎和葡萄膜肿瘤。该猫患有侵袭性虹膜淋巴肉瘤。眼部超声、房水穿刺及细胞学检查有助于诊断。淋巴肉瘤是猫最常见的转移性眼内肿瘤。

　　Ⅲ. 疼痛程度和虹膜组织侵袭的临床表现导致该眼球被摘除。组织病理学证实为虹膜淋巴瘤（图 173.2）。建议全身化疗。局部皮质类固醇可在短期内缩小眼内肿块的大小。

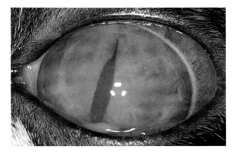

图 173.1　13 岁雄性家养短毛猫左眼外观

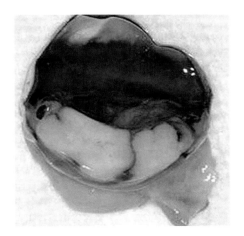

图 173.2　虹膜肿瘤大体外观

病例 174：问题　一只 7 岁半已去势的比利时牧羊犬存在视轴区溃疡和角膜水肿。每天 3 次使用三联抗生素眼膏对该溃疡无效。治疗 14 d 后，将该犬转诊至兽医眼科医生。眼科检查显示广泛的角膜变化。

　　Ⅰ. 描述图中显示的临床结果（图 174.1）。

　　Ⅱ. 该病例可能的病因有哪些？

病例 174：回答　Ⅰ. 角膜显示广泛的血管化与弥漫性角膜水肿（图 174.1a）。可见视轴区存在一个深槽及角膜上存在局灶性圆形细胞浸润区域。结膜充血，血管怒张（图 174.1b）。临床症状与慢性角膜溃疡相符。

　　Ⅱ. 在上眼睑下方的睑结膜内发现一个嵌入的异物。角膜溃疡经久不愈的患眼应检查眼睑和第三眼睑后方有无异物。慢性角膜溃疡的其他病因有双行睫、异位睫、倒睫、眼睑内翻、干燥性角膜结膜炎和眼睑肿块。治疗因原发性病因而异。除了消除原发性病因外，治疗应包括局部给予广谱抗生素（通过培养和药敏试验确定）以及抗蛋白酶（如血清、EDTA 或 N- 乙酰半胱氨酸）和阿托品。根据临床症状的严重程度应考虑全身使用广谱抗生素和抗炎药。

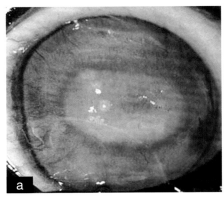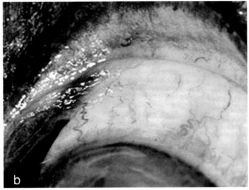

图 174.1　7 岁去势比利时牧羊犬患眼外观

病例 175　病例 176

病例 175：问题　这只 3 岁的雄性拉布拉多寻回猎犬表现为吞咽困难和"形状奇怪"的眼睛（图 175.1、图 175.2）。主诉该犬过度流涎，并难以将食物存留于口中。检查发现眼球突出，但眼球结构正常，不愿张口。

　　Ⅰ.您会给出什么诊断结果？

　　Ⅱ.该病的病理生理学是什么？

　　Ⅲ.为什么该犬会眼球突出？

　　Ⅳ.这种情况的治疗方法是什么？

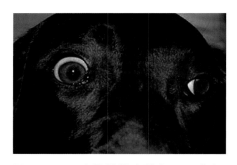

图 175.1　3 岁雄性拉布拉多寻回猎犬双眼外观

病例 175：回答　Ⅰ.最可能的诊断是免疫介导性咀嚼肌肌炎。超声和 MRI 对做出该诊断很重要。

　　Ⅱ.免疫介导性肌炎可普遍影响骨骼肌或仅限于咀嚼肌。咀嚼肌的 2 型纤维具有特定的胚胎起源，这与一种独特的肌球蛋白有关。在该病中，免疫系统攻击咀嚼肌的肌球蛋白。

　　Ⅲ.眼球突出是发炎的肌肉肿胀所致。随着该病的进展，咀嚼肌萎缩并伴随纤维组织形成，导致无法张口。

图 175.2　患犬右眼外观

　　Ⅳ.与大多数免疫介导性疾病一样，皮质类固醇的免疫抑制剂量方案是最有效的治疗方法。对于免疫介导性肌炎，必须尽快开始治疗，因为任何肌肉一旦已经发生纤维化则均不可逆。

病例 176：问题　一只 3 岁可卡犬在右眼 9 点钟位置出现角巩膜病变（图 176.1）。

　　Ⅰ.描述病变。

　　Ⅱ.您会给出什么诊断结果？是否有品种倾向性？

　　Ⅲ.该病的发病机理和治疗方法有哪些？

图 176.1　3 岁可卡犬左眼外观

病例 176：回答　Ⅰ.角巩膜缘处有一个隆起的粉红色肉性肿块，并浸润相邻的角膜基质，肿块周围伴有中度角膜水肿。

　　Ⅱ.诊断为结节性肉芽肿性外层巩膜炎（NGE）。结节性筋膜炎、纤维组织细胞瘤、增生性角膜结膜炎、角巩膜缘肉芽肿、假瘤和柯利犬肉芽肿是该病的其他术语。NGE 的眼部表现包括多个隆起的肉性肿块或单个肿块位于角巩膜缘并浸润相邻的角膜基质。瞬膜常见受累，柯利犬、可卡犬和喜乐蒂牧羊犬具有品种倾向性。柯利犬的病变倾向于双侧眼，治疗后可能复发。为了获得诊断结果，应进行细针穿刺或活检。

　　Ⅲ.NGE 的主要组织学细胞类型是组织细胞、淋巴细胞和浆细胞。有人提出，由 T 淋巴细胞产生的淋巴因子以及由此产生的组织细胞趋化性是 NGE 的发病机制。一般而言，NGE 在临床上倾向于良性，口服硫唑嘌呤联合局部给予皮质类固醇治疗反应良好。环孢素 A 最初可与类固醇联合局部用药，在肿块消退后单独使用有助于防止复发。

病例 177　病例 178　病例 179

病例 177：问题　一只 2 岁已绝育的猫被诊断为猫传染性腹膜炎。

Ⅰ. 描述眼部结果（图 177.1）。

Ⅱ. 该过程的病理生理学是什么？

病例 177：回答　Ⅰ. 在角膜腹侧和内侧的 5 点钟至 9 点钟位置存在大片较厚的角膜后沉积物（KPs）以及色素和血液黏附于角膜内皮上。纤维蛋白黏附于晶状体前囊膜上，由于后部反光照明法而使得纤维蛋白呈深色。

Ⅱ. KPs 由炎症细胞、纤维蛋白和虹膜色素堆积而成。由于血管炎和（或）血管损伤导致血眼屏障破坏，它们被释放并沉积在角膜内皮上。房水中的液体对流有助于这种细胞分布与附着。在某些肉芽肿性疾病（如猫传染性腹膜炎）中，KPs 倾向于形成大的蜡黄色沉积物，通常称为"羊脂"沉积物。这些沉积物由典型的肉芽肿性炎症中的浆细胞和巨噬细胞组成。KPs 可能部分消退或与永久性的角膜不透光有关。

图 177.1　2 岁绝育猫患眼外观

病例 178：问题　一只成年猫存在双眼白内障，左眼如图 178.1 所示，发展程度不如右眼。

Ⅰ. 描述 / 命名图示的白内障。

Ⅱ. 该类白内障的常见病因是什么？

病例 178：回答　Ⅰ. 线形赤道部白内障。晶状体核透明。

Ⅱ. 赤道部是终生产生新的晶状体纤维的部位。该位置出现白内障表明此猫的新陈代谢最近发生了变化。应评估该猫是否患有糖尿病和其他代谢性疾病。

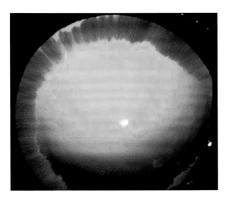

图 178.1　成年猫左眼外观

病例 179：问题　这张照片（图 179.1）描绘了一只年轻成年犬的小视神经乳头（ONH），但它的眼睛外观正常。

Ⅰ. 该病例的诊断结果是什么，该患病动物的瞳孔和瞳孔对光反射（PLR）在临床上是什么表现？

Ⅱ. 该犬眼睛的视力如何？

Ⅲ. 哪些品种易患该病？

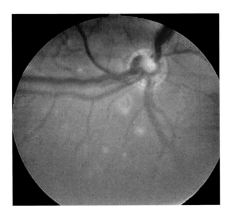

图 179.1　年轻成年犬眼底图像

病例 179：回答　Ⅰ. 视盘较小，呈灰色。在视盘上未观察到髓鞘轴突或神经纤维。视网膜血管正常，但在小的 ONH 旁边显得较大。诊断为微小视盘或视神经发育不全。这两个术语都意味着视网膜神经节细胞数量减少的各种情况。微小视盘意味着视盘尺寸小于平均值，但对视力或 PLR 无影响。视神经发育不全意味着视网膜神经节细胞轴突数量显著减少，使得视神经和视盘远小于正常大小。视神经发育不全的眼睛，如该犬，会有轻微的瞳孔散大和缓慢的 PLR。

Ⅱ. 视网膜神经节细胞及其相关视神经轴突的缺乏会在一定程度上影响该犬的视力，但该犬可能仍具有功能性视力。

Ⅲ. 易患品种包括粗毛柯利犬、比格犬、迷你雪纳瑞犬、圣伯纳犬、腊肠犬、喜乐蒂牧羊犬、爱尔兰塞特犬、德国牧羊犬、可卡犬、标准贵宾犬、迷你贵宾犬、玩具贵宾犬、西藏猎犬、软毛麦色㹴犬、拉布拉多寻回猎犬、凯利蓝㹴犬、英国古代牧羊犬、阿富汗猎犬、波索尔犬、金毛寻回猎犬、法老猎犬、英国史宾格猎犬、荷兰狮毛犬、意大利灵缇犬、灵缇犬和西施犬。

病例 180　病例 181

病例 180：问题　一例自发性慢性角膜上皮缺损（SCCED，或"拳师犬溃疡"）如图所示（图 180.1）。

Ⅰ.描述该角膜新生血管形成的模式。

Ⅱ.解释新生血管形成的发病机制。

病例 180：回答　Ⅰ.角膜浅层血管从角巩膜缘处生长而来，并在角膜中央形成大面积粉红色肉芽组织。

Ⅱ.浅表性血管出现在基质的前1/3 处，呈"树状"。它们通常始于

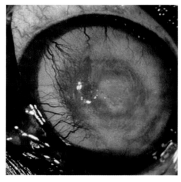

图 180.1　患眼外观

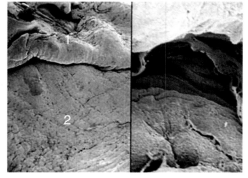

图 180.2　主要累及前上皮的浅层性角膜溃疡的扫描电镜图

1. 前上皮；2. 角膜基质。

角巩膜缘处的单一大血管，并在角膜内广泛分支。或许可见极浅表性的血管越过角巩膜缘，因其与结膜血液循环相连续。深层的基质内血管更短、更直且分支更少。它们似乎起源于角巩膜缘下方，因为它们与睫状血液循环相连续。深层血管提示角膜基质或眼内疾病，而浅表性血管是由表面（通常为角膜上皮）疾病所致（图 180.2）。右图显示了上皮和基质之间未能相互作用 / 连接的深度（SCCED 治疗的详细信息见病例 8 和病例 64）。

病例 181：问题　一只 2 岁已绝育的雌性杜宾犬存在重度结膜炎和大量黏液脓性分泌物（图 181.1、图181.2）。转诊兽医认为眼球已被破坏，但该犬在眼球摘除前转诊进行了评估。该犬经药物治疗 3 个月后如图所示（图 181.3）。

Ⅰ.该病例的诊断结果是什么？

Ⅱ.该情况的发病机制是什么？

Ⅲ.治疗方法是什么？

病例 181：回答　Ⅰ.诊断为木质样结膜炎。

Ⅱ.这是杜宾犬的一种品种相关的特发性、高度增生性结膜炎。临床表现引人注目，伴有增生性结膜炎和眼分泌物。睑结膜和瞬膜增厚、充血并伴有增生性不透光膜。患犬通常表现出并存的全身性疾病体征。组织病理学可见受累结膜的固有层中具有一层厚的、无定形的、嗜酸性的玻璃样物质，并伴中度单核细胞浸润。结膜表面常被脓性碎屑和纤维蛋白包裹。发病机制尚不清楚，但推测为免疫介导性。先天性纤溶酶原缺乏也会发生于这些犬中，这可能是木质样结膜炎的部分潜在病因。

Ⅲ.局部和结膜下使用新鲜冷冻血浆（FFP）、局部给予环孢素 A，以及口服硫唑嘌呤曾在一些犬中使用。在一例病例中，切除不透光膜后局部应用肝素、组织纤溶酶原激活物、皮质类固醇和 FFP 进行强化治疗，并静脉给予 FFP 防止膜再生。该犬治疗效果显著。

图 181.1　2 岁绝育雌性杜宾犬双眼外观

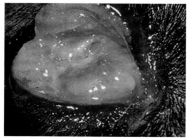

图 181.2　右眼外观

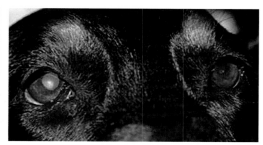

图 181.3　患眼治疗 3 个月后

病例 182　病例 183

病例 182：问题　一只犬患有双眼角膜疾病（图 182.1）。角膜荧光素染色为阴性。

Ⅰ. 图 182.2 正在进行什么眼科测试？

Ⅱ. 存在什么疾病过程？

Ⅲ. 有哪些治疗方案可用于改善该犬的角膜疾病？

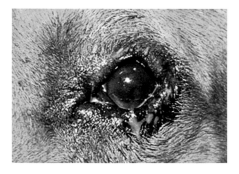

图 182.1　患犬左眼外观

病例 182：回答　Ⅰ.Schirmer 泪液测试（STT）。将一条 5 mm×35 mm 的试纸条的圆形尖端弯曲，并将其置于与角膜接触的中外侧下眼睑的结膜穹窿内。泪液沿着试纸条向下移动 60 s。后取出试纸并进行判定。正常泪液生成的数值被认为是 15 ～ 25 mm/min。可考虑 STT 的两种类型。STT Ⅰ 型在无任何表面麻醉的情况下进行，测量反射和基础泪液水平。STT Ⅱ 型使用表面麻醉剂进行，仅测量基础泪液水平。

Ⅱ. 干燥性角膜结膜炎（KCS，或"干眼症"）。角膜和眼睑有黄色黏液样分泌物。角膜表面色素沉积的程度非常严重，以至于无法看到眼前部结构（虹膜和瞳孔）。

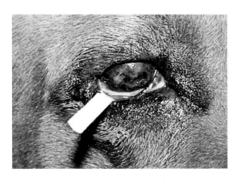

图 182.2　眼科检查过程

Ⅲ. 药物治疗方式包括局部使用免疫调节药物［如环孢素 A（0.2% 眼膏或 1% 和 2% 溶液）和他克莫司（0.03% 眼膏或溶液）］，局部使用抗菌和抗炎药物及人工泪液替代（见病例 197）。在无角膜溃疡的 KCS 患眼中，需要局部使用皮质类固醇以减少结膜炎。KCS 患眼必须慎用皮质类固醇，因为角膜表面因泪液水平低而不健康，更容易发生角膜溃疡。腮腺导管移植术可选择用于 KCS。关于 KCS 的更多示例，请参见病例 42、病例 69、病例 94、病例 126 和病例 199。

病例 183：问题　这只 7 岁白色家养短毛猫近年来饱受间歇性眼痛的困扰（图 183.1）。炫目反射或对侧眼间接瞳孔对光反射均为阴性。

Ⅰ. 在该眼中发现的病变最合理的解释是什么？

Ⅱ. 该眼是否有合理的治疗方法？

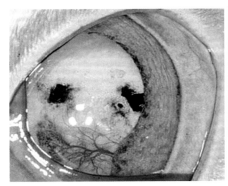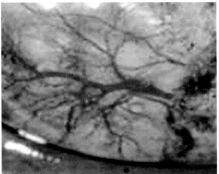

图 183.1　7 岁白色家养短毛猫患眼外观

病例 183：回答　Ⅰ.该猫患有慢性葡萄膜炎。存在虹膜后粘连，晶状体上存在来自虹膜的新生血管形成。葡萄膜色素已迁移到晶状体前囊膜上。白色的晶状体现在完全形成白内障，这很可能是慢性葡萄膜炎的结果。瞳孔扩张并非药物引起，但可能最初是由视网膜脱离所致。虹膜后粘连导致永久性散瞳。

Ⅱ. 局部使用皮质类固醇有助于缓解眼睛疼痛。如果疼痛严重且无法通过药物控制，则需要进行眼球摘除。

病例 184 病例 185

病例 184：问题 这是一张（图 184.1）1 岁可卡犬的直接检眼镜检查图片。

Ⅰ. 描述检眼镜检查结果。

Ⅱ. 您会给出什么诊断结果，该问题的病因是什么？

Ⅲ. 治疗方法是什么？

病例 184：回答 Ⅰ. 在眼底毯部区域有多个线性的视网膜灰色不透光区。

Ⅱ. 诊断为视网膜发育不良，该病通常为非进行性，不干扰视力。视网膜发育不良被定义为视网膜的一种异常分化。其组织学特征为视网膜感觉层折叠以及在中央管腔周围形成由视网膜细胞组成的玫瑰形外观。当视网膜感觉层形成褶皱或凸起的区域时，光感受器的外节在完全脱离其下方的视网膜色素上皮（RPE）之前拉长，如该扫描电镜照片所示（图 184.2）。同时，RPE 出现延伸的微绒毛并最终完全消失（图 184.3）。自发性视网膜发育不良发生于一些品种中，而遗传因素已被证明或怀疑是许多品种的病因。多灶性视网膜发育不良在一些品种中已有报道。

Ⅲ. 没有治疗方法。不应饲养视网膜发育不良的犬。

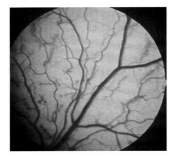

图 184.1 1 岁可卡犬患眼直接检眼镜检查图像

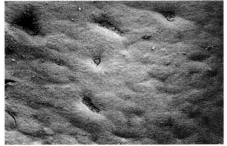

图 184.2 患眼视网膜扫描电镜照片

图 184.3 视网膜扫描电镜照片
* 号表示 RPE 与视网膜感觉层完全分离的区域，现可见六角形的细胞。

图 185.1 幼年缅甸猫双眼外观

图 185.2 幼年缅甸猫左眼外观

病例 185：问题 2 只幼年缅甸猫的左眼均有异常生长物沿外眦生长。其中一只猫的生长物较小，缺乏毛发（图 185.1）。在另一只猫中，生长物由附着在睑缘缺损附近球结膜上的错位深色毛发组成（图 185.2）。

Ⅰ. 在这些猫中，与结膜和眼睑相关的肿块是什么？

Ⅱ. 可采用哪些治疗方法来解决该问题？

病例 185：回答 Ⅰ. 缅甸猫的先天性外眦缺损与角膜和结膜皮样囊肿有关。在患有眼睑皮样囊肿的缅甸猫中也观察到鼻皮样囊肿。

Ⅱ. 外眦缺损很容易通过切除和重建外眦来进行手术矫正。结膜皮样囊肿与大多数结膜肿瘤一样，大部分易于从眼球上剥离，通常为非侵入性。

病例186　病例187　病例188

病例186：问题　这只12岁已去势家养短毛猫出现失明，腹侧可见小的超反射病灶（图186.1）。

　　Ⅰ.您会给出什么诊断结果？

　　Ⅱ.该问题的可能病因有哪些？

病例186：回答　Ⅰ.这是一例活动性脉络膜视网膜炎。脉络膜视网膜炎是指发生于脉络膜并蔓延至视网膜的炎性疾病。模糊的病变轮廓表明视网膜水肿和炎性活跃（与病例67相比）。

　　Ⅱ.猫的病毒性脉络膜视网膜炎与猫传染性腹膜炎病毒、猫免疫缺陷病毒和猫白血病病毒有关。真菌性脉络膜视网膜炎与隐球菌病、组织胞浆菌病、芽生菌病、球孢子菌病和念珠菌病有关。原虫媒介刚地弓形虫是一种有文献记载的引起猫脉络膜视网膜炎的病因。猫脉络膜视网膜炎和视网膜脱离与牛结核分枝杆菌以及非结核性的猿分枝杆菌有关。寄生虫感染如双翅目幼虫可能引起脉络膜视网膜炎，因寄生虫在视网膜内或视网膜下迁移。在该病例中，隐球菌被确定为引起脉络膜视网膜炎的病因（图186.2）。新型隐球菌是最常报告的猫霉菌感染（见病例76）。

病例187：问题　这只老年雄性犬的眼睛1年前做过白内障手术（图187.1）。在该眼中观察到了什么？

病例187：回答　晶状体囊袋内已植入人工晶状体（IOL）。IOL的位置略微偏离。IOL周围的后囊膜出现混浊化。这种混浊化是由晶状体上皮细胞纤维组织形成所致，是犬白内障术后一种常见的长期并发症。该眼仍具有视力。

病例188：问题　正在这只年轻比格犬的上眼睑区域进行一项特定的操作技术以评估眼部状况（图188.1）。

　　Ⅰ.这是什么操作技术？

　　Ⅱ.正在评估什么特征？

　　Ⅲ.如何以及为什么进行该操作技术？

病例188：回答　Ⅰ.指触眼压测量法。

　　Ⅱ.这种形式的眼压测量用于定性评估眼内压（IOP）。大多数动物的正常IOP为15～25 mmHg。

　　Ⅲ.该诊断技术操作时，要求检查者用一只手的手指稳定眼球，同时用另一只手的手指沿睑缘向下轻轻施加压力。该操作的准确性取决于检查者的经验；然而，该操作从来没有压平式眼压计所获得的定量客观测量准确（见病例38和病例127）。

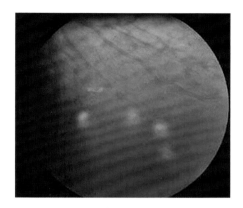

图186.1　12岁去势家养短毛猫患眼眼底图像

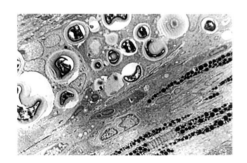

图186.2　猫脉络膜中新生隐球菌的透射电镜照片

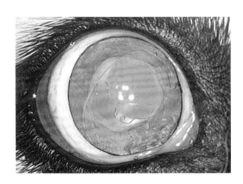

图187.1　老年雄性犬患眼外观

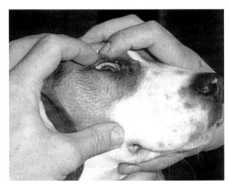

图188.1　对年轻比格犬的上眼睑进行的眼科检查过程

病例 189　病例 190　病例 191

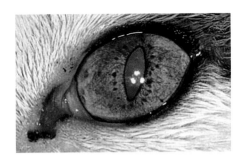

图 189.1　9 岁雄性家养短毛猫患眼外观

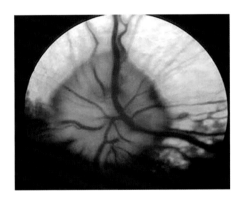

图 190.1　1 岁犬眼底图像

Ⅰ.如何定义 ONH 的形状？

Ⅱ.该犬的 ONH 是正常还是异常？

病例 189：问题　一只 9 岁雄性家养短毛猫具有 2 周的虹膜变色病史。眼科检查发现中度房水闪辉、轻度眼睑痉挛和缩瞳（图 189.1）。

Ⅰ.该病例的诊断结果是什么？

Ⅱ.这种情况有哪些鉴别诊断？

Ⅲ.应考虑进行哪些诊断测试？

Ⅳ.该病的另一个典型临床症状是什么？

Ⅴ.有哪些治疗选择？

病例 189：回答　Ⅰ.诊断为前葡萄膜炎。

Ⅱ.鉴别诊断包括猫白血病病毒（FeLV）、猫免疫缺陷病毒（FIV）、猫传染性腹膜炎、弓形体病、巴尔通体病、隐球菌病、组织胞浆菌病、球孢子菌病、芽生菌病、虹膜肿瘤、晶状体诱发性葡萄膜炎、寄生虫迁移和特发性葡萄膜炎。

Ⅲ.应进行 FeLV 和 FIV 测试。该猫为 FIV 阳性。

Ⅳ.患有 FIV 诱发性葡萄膜炎的猫通常患有扁平部睫状体炎，这会导致玻璃体前部中细胞浸润且这些细胞堆积或黏附到晶状体后囊膜上。

Ⅴ.对 FIV 进行支持疗法并对葡萄膜炎进行治疗（见病例 12）。

病例 190：问题　一只 1 岁犬的视神经乳头（ONH）如图所示（图 190.1）。

病例 190：回答　Ⅰ.板前视神经被称为视盘、ONH 或视乳头。视盘形状因品种、轴突髓鞘形成的程度以及视网膜神经节细胞的数量而异。犬视盘具有大而突出的血管，并在视盘表面吻合。由于巩膜筛状板前方的髓鞘化视神经轴突，因此犬视盘的直径以及 ONH 的形状常存在变化。它们覆盖在视盘表面，并继续进入巩膜管边缘以外的视网膜神经纤维层，因此犬视盘的形状可能为圆形、三角形或不规则形。犬 ONH 呈白色至粉红色，中央有一深色斑点，称为生理性窝，为玻璃体动脉的残余部分。一般而言，较大的视盘相对较小的视盘含有更多的神经纤维。

Ⅱ.正常。

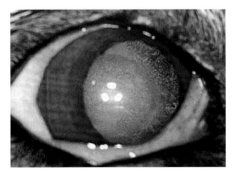

图 191.1　11 岁混种犬患眼外观

病例 191：问题　一只 11 岁混种犬的眼睛如图所示（图 191.1）。

Ⅰ.描述图中的眼科检查结果。

Ⅱ.您的临床检查结果是什么？

病例 191：回答　Ⅰ.瞳孔边缘呈扇状征象、晶状体核混浊，有多个移动性的玻璃体混浊点。

Ⅱ.轻度虹膜萎缩、核硬化以及星状玻璃体变性，这些是与年龄相关的眼部变化。星状玻璃体变性是玻璃体变性的一种形式，其由钙和脂质的堆积物组成。这些混浊点可能随着眼球运动而移动。玻璃体变性可能与年龄有关、继发于炎症或者为原发性。原发性玻璃体变性也与品种相关，见于布鲁塞尔格里芬犬、吉娃娃犬、中国冠毛犬、哈瓦那犬、意大利灵缇犬、罗秦犬、蝴蝶犬、西施犬和惠比特犬。

病例 192　病例 193

病例 192：问题　一只 3 月龄未绝育的雌性美国可卡犬出现明显的单侧眼泪溢。冲洗患眼的上泪点导致腹侧泪点处形成组织水泡（图 192.1）。

Ⅰ. 该病例的诊断结果是什么？

Ⅱ. 如何确诊？

Ⅲ. 如何治疗该病？

病例 192：回答　Ⅰ. 诊断为泪点闭锁，可能影响上、下或两个泪点。泪点闭锁既可以是单侧眼，也可为双侧眼，常见于美国可卡犬、贝灵顿狭犬、金毛寻回猎犬、迷你贵宾犬、玩具贵宾犬和萨摩耶犬。

Ⅱ. 背侧泪点闭锁无症状，一般在常规生物显微镜检查时偶然诊断。腹侧泪点闭锁与幼犬的泪溢有关，并经鼻泪管冲洗证实。冲洗时泪小管上方的结膜会隆起。

Ⅲ. 通过手术切除膨胀的结膜来治疗腹侧泪小点闭锁（图 192.2）。随后局部使用抗生素和皮质类固醇滴眼液治疗患眼，每天 4 次，直至约 7 d 后复查。如果泪点通畅且不再存在泪溢，则无需进一步治疗。

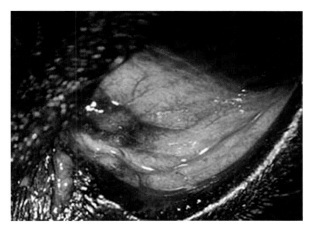

图 192.1　3 月龄未绝育雌性美国可卡犬患眼外观

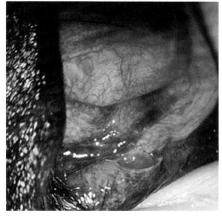

图 192.2　手术切除膨胀的结膜

病例 193：问题　一只 4 周龄边境牧羊犬前来进行常规体格检查。眼科检查的发现如图所示（图 193.1）。

Ⅰ. 描述该结果。

Ⅱ. 有哪些鉴别诊断，您如何鉴别它们？

病例 193：回答　Ⅰ. 视网膜存在多个线性的白色浊斑。毯部由于还未成熟故呈蓝色。

Ⅱ. 该结果可能与视网膜发育不良（见病例 184）或视网膜皱襞相符。在某些品种的幼犬中，特别是在柯利犬和喜乐蒂牧羊犬的眼睛中视网膜皱襞频率很高，这有时被解释为一种非常轻微的视网膜发育不良。认为这些皱襞是视网膜各层与巩膜之间生长差异的结果，它们通常随着眼睛的生长和成熟而消失。相反，视网膜发育不良意味着视网膜的异常分化，所以预计该情况会永久性存在。因此，对这些眼底镜检查存在变化的病例进行随访可以表明相关病变是否应被诊断为视网膜皱襞或视网膜发育不良。

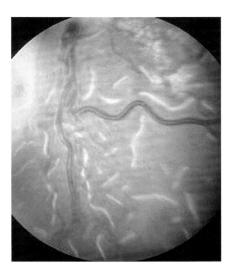

图 193.1　4 周龄边境牧羊犬患眼眼底图像

病例 194　病例 195　病例 196

病例 194：问题　一只 4 岁已去势的雄性猫具有 5 d 眼睑痉挛、溢泪和红眼的病史。

Ⅰ. 描述图示的病变（图 194.1）。

Ⅱ. 该病例最可能的诊断结果是什么？

Ⅲ. 有哪些治疗方案？

图 194.1　4 岁去势雄性猫患眼外观

病例 194：回答　Ⅰ. 存在中度结膜充血以及角膜直径增大与深层缺损。部分角膜血管化，瞳孔散大。

Ⅱ. 诊断为后弹力层膨出。这是最深类型的角膜溃疡，角膜上皮和基质缺失，后弹力层暴露（见病例 232）。后弹力层可能从缺损处膨出。应使用荧光素染色来确诊真实的后弹力层膨出，染色后轻轻冲洗。溃疡边缘的溃疡床染色呈阳性，但后弹力层暴露区域不着色。

Ⅲ. 由于后弹力层膨出存在破裂的风险，应尽可能快地使用结膜瓣、羊膜移植或角膜移植进行手术修复。对于直径为 1 mm 的病变可尝试直接缝合闭合，但对于较大的后弹力层膨出不建议进行直接缝合。将供体角膜或生物合成材料植入缺损处将增加角膜强度，使用结膜瓣将支撑手术区域并有助于血管化。

病例 195：问题　该犬（图 195.1）接受了与病例 218 患犬相同的外科治疗。该照片拍摄于术后 1 年。

Ⅰ. 该病例发生了什么？

Ⅱ. 为何会发生这种情况？

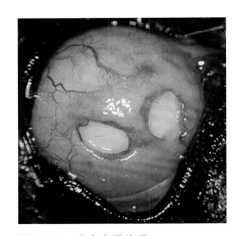

图 195.1　患犬患眼外观

病例 195：回答　Ⅰ. 一个白色的眼内假体已侵蚀并穿透角膜，现已暴露在外。

Ⅱ. 感染或干燥性角膜结膜炎引起的角膜溃疡可能导致该问题。这种破裂很可能是由于植入物对角膜内皮的机械刺激和（或）眼内感染或植入物被污染。眼球和植入物被摘除（另见病例 218）。

病例 196：问题　Ⅰ. 描述该犬的临床症状（图 196.1）。

Ⅱ. 该病例的诊断结果是什么？

Ⅲ. 如果这种情况转为慢性，会导致哪些眼部变化？

Ⅳ. 已知该病例眼睑疾病的病因是继发于全身使用阿霉素。在原因不明的情况下，该如何处理这种情况？

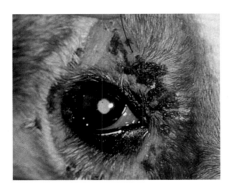

图 196.1　患犬右眼外观

病例 196：回答　Ⅰ. 存在眼周结痂、充血和脱毛。双眼眼睑可见脱毛，结痂多与上眼睑内侧有关。

Ⅱ. 诊断为睑缘炎。

Ⅲ. 与眼睑炎有关的角膜和结膜刺激可发展为眼睑内翻和（或）眼睑外翻。自残也可导致眼睑的疤痕和感染。

Ⅳ. 无论何种病因，许多犬睑缘炎病例都为感染性。感染可能掩盖睑缘炎的最初病因。皮肤刮片和皮肤活检与培养在睑缘炎的初步检查中很重要。全身用药对于解决眼睑炎症至关重要。在病例 77 和病例 210 中可见到睑缘炎及其潜在病因的更多案例。

病例 197 病例 198

病例 197：问题 一只 4 岁猫具有 2 周眼睛发红、眯眼且伴有黏液样分泌物的病史（图 197.1）。Schirmer 泪液测试的读数为 3 mm/min，存在一个较大的浅表性溃疡。1 周后，猫更加不适，角膜发生溶解（图 197.2）。

Ⅰ.该病例最可能的诊断结果是什么？

Ⅱ.您对该猫的鉴别诊断有哪些？

Ⅲ.有哪些治疗方案？

Ⅳ.结膜瓣相对于瞬膜瓣具有哪些优势？

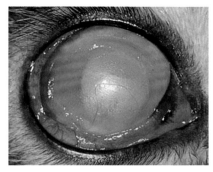 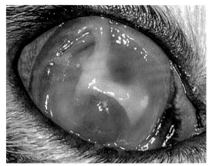

图 197.1 4 岁猫右眼外观　　图 197.2 1 周后，患猫右眼角膜溶解

病例 197：回答 Ⅰ.诊断为干燥性角膜结膜炎，伴有继发性浅表性溃疡。

Ⅱ.鉴别诊断包括伴有泪小管阻塞的睑结膜炎和伴有泪腺球结膜水肿的猫疱疹病毒感染。

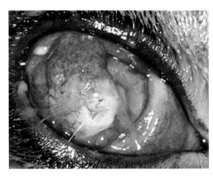 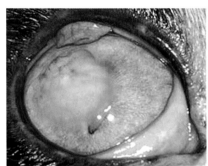

图 197.3 患眼结膜瓣移植　　图 197.4 术后 4 周修剪皮瓣

Ⅲ.治疗方案包括积极的药物治疗（见病例 164）和手术。手术治疗的选择是结膜瓣移植（图 197.3）。应在术后 4 周修剪皮瓣，以减少疤痕并增大视野（图 197.4）。其他选择还有羊膜移植，以及在某些病例中可选择瞬膜瓣遮盖。

Ⅳ.结膜瓣为角膜病变提供结构支持（超过瞬膜瓣），为基质愈合提供血管，提供成纤维细胞和结缔组织的来源，并从渗漏的血管中提供血浆以此来抑制胶原酶活性。

病例 198：问题 一只 2 岁葡萄牙水犬双眼存在视神经病变（图 198.1）。

Ⅰ.描述图 198.1 中所示的结果。

Ⅱ.视神经病变的病因有哪些？

Ⅲ.该犬可能存在哪些临床症状？

病例 198：回答 Ⅰ.视盘突出且轮廓不规则，其因轴浆流受阻而显得肿胀。视乳头表面的血管似乎在视盘外周隆起。视网膜血管也呈弯曲状。视网膜出血的血管周围有红色局灶性区域。

图 198.1 2 岁葡萄牙水犬患眼眼底图像

Ⅱ.视神经病变可能是炎性或非炎性。炎性视神经病变被称为视神经炎，视盘的炎症被称为视乳头炎。感染、网状细胞增多症和炎性眼眶疾病可引起视神经炎。脑脊液压力升高可导致视盘肿胀或视乳头水肿。青光眼和视神经肿瘤因轴浆流受阻导致视盘肿胀。该犬的视盘似乎是先天性问题。功能正常。

Ⅲ.该犬可能还会存在瞳孔固定、散大和失明的情况。然而，该犬的视力、瞳孔对光反射和瞳孔大小均正常。

病例 199　病例 200

病例 199：问题　一只 2 岁魏玛犬具有 1 周的中度结膜炎和黏液性眼分泌物病史（图 199.1）。双眼 Schirmer 泪液试验值均为 0。

Ⅰ. 对于绝对的干燥性角膜结膜炎（KCS）的鉴别诊断有哪些？

Ⅱ. 进一步检查发现，该犬的鼻子和牙龈非常干燥。该病例最可能的诊断结果是什么？

Ⅲ. 有哪些治疗方案？

病例 199：回答　Ⅰ. 年轻成年犬中 KCS 的鉴别诊断包括神经性 KCS、药物诱发性 KCS 和自身免疫介导性 KCS。

Ⅱ. 诊断为 Sjögren's 综合征，这是一种攻击泪腺和唾液腺等产生水分的腺体的自身免疫性疾病。Sjögren's 综合征发生在一小部分 KCS 患犬中。该疾病的临床症状是 KCS 和缺乏泪液和唾液而导致的口干。

Ⅲ. 绝对 KCS（完全没有眼泪）的治疗选择仅限于药物治疗。由于 Sjögren's 综合征缺乏唾液，因此腮腺管移植术无效（图 199.2）。建议局部使用免疫抑制剂进行药物治疗，如环孢素 A、他克莫司和（或）吡美莫司，但可能无效。频繁局部使用眼部润滑剂有助于预防角膜溃疡以及改善患病动物的舒适度。

图 199.1　2 岁魏玛犬右眼外观

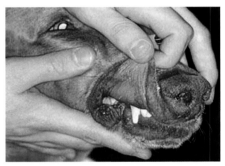

图 199.2　患犬口腔检查

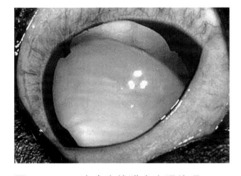

图 200.1　8 岁史宾格猎犬患眼外观

病例 200：问题　一只 8 岁史宾格猎犬右眼出现晶状体问题（图 200.1）。

Ⅰ. 描述所示的临床结果。

Ⅱ. 照片中上方出现黄色毯部反射的区域叫什么？

Ⅲ. 在该犬中，通常将晶状体保持在正常位置但目前已受累的解剖结构是什么？

Ⅳ. 晶状体脱位可能引起哪些继发性并发症？

Ⅴ. 晶状体脱位的外科治疗是什么？

病例 200：回答　Ⅰ. 存在中度结膜充血。瞳孔散大且边缘不规则。在 7 点钟和 10 点钟位置可见虹膜后粘连。晶状体出现白内障且后脱位，但被虹膜粘连固定在适当的位置。在晶状体背侧可见毯部反射。

Ⅱ. 该区域被称为无晶状体新月形。

Ⅲ. 晶状体悬韧带必须断裂才能使晶状体脱位。悬韧带断裂的病因在病例 236 中进行讨论。

Ⅳ. 继发性并发症包括炎症、青光眼、视网膜脱离以及角膜内皮损伤。

Ⅴ. 可进行晶状体囊内摘除术来移除脱位的晶状体。在角巩膜缘附近 9 点钟至 3 点钟处做一个 180° 的切口。牵引角膜，使用冷冻探针摘除晶状体，同时使用剪刀将玻璃体与晶状体后囊膜分离。随后缝合角膜切口。

病例 201　病例 202

病例 201：问题　一只雄性平毛寻回犬的眼底如图所示（图 201.1）。

Ⅰ. 该眼底为正常还是异常？

Ⅱ. 视神经乳头（ONH）中心黑斑的名称和起源是什么？

Ⅲ. 眼科检查时应评估 ONH 的哪些组分？

Ⅳ. 视神经乳头周围米色、模糊的区域是什么？

病例 201：回答　Ⅰ. 眼底正常。

Ⅱ. 一个生理性窝（见病例 250）。生理性窝是玻璃体动脉的残余部分（图 201.2）。

Ⅲ. 应评估在视盘表面处吻合的视网膜血管、神经视网膜边缘（视盘的外周边缘）和视杯（视盘中央区）。

Ⅳ. ONH 上方的浅褐色模糊性病变是视网膜神经纤维层髓鞘过多。这在一些犬种中是一种正常变异现象。

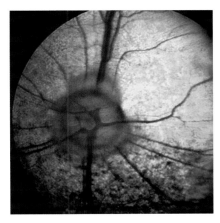 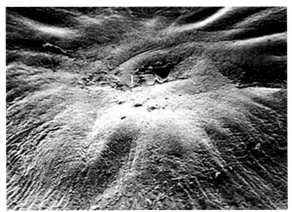

图 201.1　雄性平毛寻回犬的眼底图像　　图 201.2　正常犬视盘或视神经乳头的扫描电镜图
1. 玻璃体动脉的残余部分。

病例 202：问题　这只 7 岁混种犬在开始药物治疗埃立克体病 5 d 后进行复查。

Ⅰ. 在角膜内皮处（图 202.1）所见的多个白色的球形不透光是什么？

Ⅱ. 该情况总是与哪些其他眼病相关？

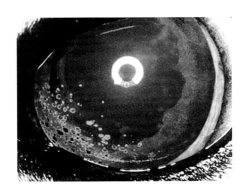

病例 202：回答　Ⅰ. 色素沉着和非色素沉着的角膜后沉积物（KPs）。还存在大面积的虹膜色素脱失。

Ⅱ. KPs 是来自虹膜的炎性细胞、纤维蛋白和色素沉着并积累在角膜内皮上。发现 KPs 非常重要，因为它们的存在总是提示葡萄膜炎。诊断为前葡萄膜炎后应立即开始局部抗炎治疗。如果未能在葡萄膜炎病例的早期开始治疗则可能导致多种不良后遗症，包括虹膜粘连、白内障、继发性青光眼、眼内炎和眼球痨。

图 202.1　7 岁混种犬患眼外观

病例 203　病例 204　病例 205

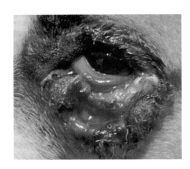

图 203.1　成年犬患眼外观

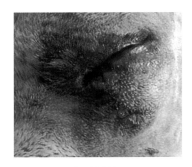

图 203.2　术后照片

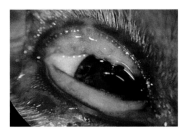

图 204.1　6 月龄金毛寻回猎犬
患眼外观

病例 203：问题　图示的这只成年犬（图 203.1）存在广泛性眼睑撕裂伤。推荐的治疗方法是什么？

病例 203：回答　眼睑撕裂伤常见于年轻的小型犬，需要手术修复（图203.2）。必须彻底冲洗眼睑创口和结膜囊。应对创口进行最低限度的机械性清创。睑缘处缝合的线结应打在睑缘游离缘的外侧，以避免与角膜接触。可通过 8 字或十字缝合来完成。无菌伤口可进行两层缝合。较深的睑结膜和睑板可使用 6-0 至 8-0 可吸收缝线进行单纯连续缝合。线结不应穿透结膜表面与角膜摩擦。使用 5-0 至 6-0 单丝不可吸收缝线简单间断缝合皮肤以及眼轮匝肌。对于攻击性较强的患病动物使用可吸收材料闭合皮肤切口。

病例 204：问题　一只 6 月龄金毛寻回猎犬出现上眼睑肿胀。当结膜外翻时，沿暴露的炎症区域出现小的"脓疱"（图 204.1）。该幼犬眼睑痉挛，并表现出中度流泪。
　Ⅰ. 您的诊断结果是什么？
　Ⅱ. 解释该疾病及其结果。
　Ⅲ. 您将如何治疗这种情况？

病例 204：回答　Ⅰ. 诊断为睑板腺发炎（也称为睑板腺炎）。
　Ⅱ. 睑板腺产生泪膜的脂质部分。睑板腺炎常继发于细菌感染，导致睑板腺增大、疼痛并有渗出物。睑板腺炎可导致角膜前泪膜脂质层改变和角膜溃疡。如果睑板腺炎转为慢性，可导致眼睑纤维化和增厚以及泪膜脂质分泌丧失。
　Ⅲ. 为了提供最准确的治疗，建议对睑板腺渗出物进行培养和药敏试验。局部和全身使用广谱抗生素，以及局部使用皮质类固醇通常对这种疾病的治疗最为有效。

病例 205：问题　在一只 8 周龄幼年喜马拉雅猫（图 205.1）的这些眼底照片中可见玻璃体内存在一个物体。
　Ⅰ. 玻璃体内漂浮的线性结构是什么（图205.1 中的箭头和图 205.2 中的放大图像）？
　Ⅱ. 最可能的疾病是什么？

病例 205：回答　Ⅰ. 寄生虫。
　Ⅱ. 最可能的寄生虫是蝇幼虫。这种疾病被称为眼蝇蛆病，通常是偶然发现。视网膜水肿和

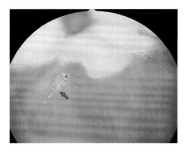

图 205.1　8 周龄幼年喜马拉雅
猫患眼眼底图像

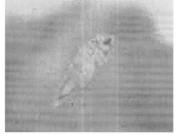

图 205.2　眼底异常区域放大
图像

线性视网膜出血也可能是近期幼虫移行的迹象。

病例 206　病例 207

病例 206：问题　该犬患有一种被称为视神经炎的视神经病，由肉芽肿性脑膜脑炎引起（图 206.1）。

Ⅰ.当一只犬因失明和瞳孔持续散大到达您的医院时，应将哪些常见的疾病列入鉴别诊断的列表中？

Ⅱ.应进行哪些诊断测试以帮助确定与该患犬相关临床症状的病因？

Ⅲ.描述在图 206.2 中所见的情况。

Ⅳ.定义视神经炎。

Ⅴ.该犬患视神经炎可能的病因是什么？

Ⅵ.荧光素血管造影用于显影什么？

Ⅶ.该荧光素血管造影图像（图 206.3）显示了哪些异常？

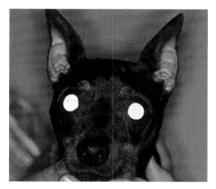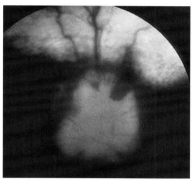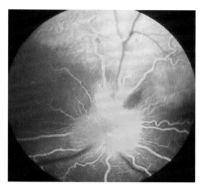

图 206.1　患犬双眼外观　　　　图 206.2　患眼眼底图像　　　　图 206.3　眼底荧光素血管造影图像

病例 206：回答　Ⅰ.鉴别诊断包括视神经疾病、视网膜疾病、视觉皮层受累和青光眼。

Ⅱ.裂隙灯活组织显微镜、间接和直接检眼镜检查，以及还可能需要进行视网膜电位图检查。

Ⅲ.视神经乳头（ONH）的边界不太清晰是由于 9 点钟至 3 点钟方向的水肿或轴浆流动受阻所致。在 ONH 的 1 点钟位置有一处局灶性出血区域。由于视盘肿胀，生理杯模糊不清，难以识别。

Ⅳ.视神经病变可能为炎性或非炎性。视神经炎是视神经的炎症。脑膜瘤会引起非炎性视神经病。

Ⅴ.犬瘟热、隐球菌病、芽生菌病、埃立克体病、组织胞浆菌病、弓形体病、头部创伤和眼眶蜂窝织炎可能是该犬视神经炎的病因。眼眶或视神经肿瘤、眼球脱出所引起的视神经损伤、毒素、维生素 A 缺乏和特发性视神经疾病可能具有类似视神经炎的临床症状，但本质为非炎性。

Ⅵ.显影视网膜和脉络膜血管系统，以评估血管的渗透性并识别色素异常。

Ⅶ.ONH 肿胀。图 206.2 中可见视盘出血阻碍了荧光。

病例 207：问题　一只 5 岁拳师犬的背外侧角巩膜缘处红色肿块存在 6 个月（图 207.1）。

Ⅰ.该病例最可能的诊断结果是什么？

Ⅱ.有哪些治疗选择？

病例 207：回答　Ⅰ.诊断为血管瘤或血管肉瘤（见病例 169）。血管瘤和血管肉瘤并不常见，但当它们发生时，通常位于外侧球结膜或第三眼睑前缘。在大多数情况下，这些肿瘤会入侵角膜并缓慢生长，但有些肿瘤则相当具有侵袭性。

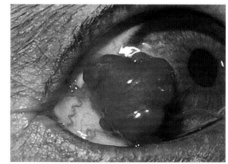

图 207.1　5 岁拳师犬患眼外观

Ⅱ.可选择的治疗方法是角膜切除术和冷冻疗法、激光消融术或放疗。根据角膜切除术后角膜缺损的大小和深度，可推荐使用结膜或角巩膜皮瓣移植。如果肿块较大或已侵入眼眶，可能需要摘除眼球。在犬中尚未有血管瘤或血管肉瘤从眼睛转移至其他器官的报道。

病例 208 病例 209

病例 208：问题 一只年轻成年暹罗猫的眼睛出现一个突出的线状物体（图 208.1）。如何治疗该猫的角膜异物？

病例 208：回答 角膜异物需要手术移除（图 208.2）。移除浅表性角膜异物很简单，表面麻醉后，使用棉签小心地将异物从角膜上快速翻转下来。深基质的异物或穿透前房的异物将需要全身麻醉以及显微外科技术进行手术移除。术后建议使用抗菌药物。

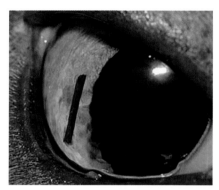
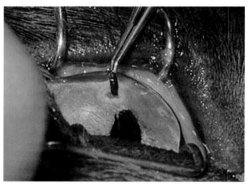

图 208.1 年轻成年暹罗猫患眼外观　图 208.2 手术移除角膜异物

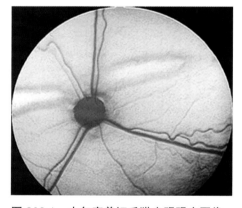

图 209.1 中年家养短毛猫患眼眼底图像

病例 209：问题 一只中年家养短毛猫出现这种视网膜病变（图 209.1）。

Ⅰ. 导致该猫出现这种病变的病因是什么？

Ⅱ. 该病当前处于哪个阶段？

Ⅲ. 病因和病理生理学是什么？

Ⅳ. 该病的治疗方法是什么？

病例 209：回答 Ⅰ. 这种视网膜病变是典型的牛磺酸缺乏性视网膜病变。

Ⅱ. 本例牛磺酸缺乏性视网膜病变的临床表现处于相对早期，视神经乳头背侧出现超反射水平带。

Ⅲ. 见病例 22。牛磺酸是猫必需的一种氨基酸。最初，整个视网膜中的视锥细胞受到影响，但由于视锥细胞光感受器在视网膜中心区域高度集中，因此最易在中央区域检测到早期的视锥细胞死亡，如图所示。

Ⅳ. 在饮食中补充牛磺酸。这种效果仅部分可逆，并取决于牛磺酸缺乏的时长。如果未补充牛磺酸，9 个月后明显可见视网膜完全变性。

病例 210　病例 211

病例 210：问题　这只成年雄性拉布拉多寻回猎犬的眼周出现结痂和发红（图 210.1、图 210.2）。主诉这种情况最近有所恶化，该犬已经开始通过抓挠和摩擦眼睛来自残。还存在中度的脓性分泌物。荧光素染色为阴性。

Ⅰ.您的诊断结果是什么？

Ⅱ.该病的病因和病理生理学是什么？

Ⅲ.您推荐什么治疗方法？

病例 210：回答　Ⅰ.诊断为双眼重度睑缘炎。睑缘炎是眼睑的炎症，典型特征为中度至重度充血、水肿和疼痛，表现为严重的眼睑痉挛（眯眼）和过度流泪。这种情况让动物感到难受，因此可能会自残。

Ⅱ.通常很难确定睑缘炎的病因。睑缘炎可由感染性病因（即细菌、真菌或寄生虫）引起，也可通过免疫介导引起（关于原因和治疗的深入回顾，见病例 77）。由于各种可能的病因，因此诊断该病病因最有效的方法是联合检测。需要对眼睑脓皮病进行皮肤刮片、培养以及活检。

Ⅲ.该病例是细菌性睑缘炎，全身使用抗生素治疗了 2 个月。

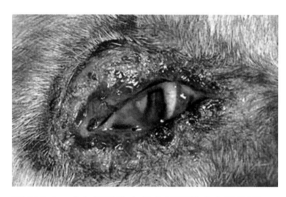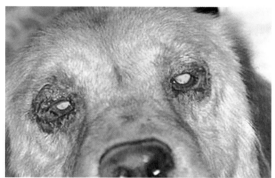

图 210.1　成年雄性拉布拉多寻回猎犬患眼外观　　图 210.2　患犬双眼外观

病例 211：问题　一只 3 岁混种犬具有 2 d 眼睛发红、疼痛的病史（图 211.1）。

Ⅰ.描述病变。

Ⅱ.病因是什么？

Ⅲ.治疗方法是什么？

病例 211：回答　Ⅰ.存在中度球结膜炎和中度角膜水肿。角巩膜缘周围 360° 出现角膜血管化。前房内存在多个白色曲线结构。虹膜肿胀，瞳孔变形。当强光照入眼睛时，这些曲线结构表现出运动性。

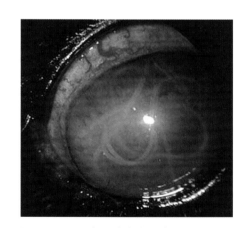

图 211.1　3 岁混种犬患眼发红

Ⅱ.该犬患有心丝虫所致的前葡萄膜炎。犬心丝虫是北美犬中最常报道的眼内线虫。眼部受累被认为是第四期幼虫从结膜下间隙异常迁移的结果。虫体诱发轻度至重度葡萄膜炎。在一项回顾性研究中，德国牧羊犬最具代表性，研究组中 33% 的犬受到影响。

Ⅲ.通过角巩膜缘切口手术取出犬心丝虫通常可获得成功。术前局部给予胆碱酯酶抑制剂治疗可能有助于减少寄生虫移动。术后建议治疗前葡萄膜炎（见病例 12）。

病例 212　病例 213

病例 212：问题　　一只 3 岁家养短毛猫出现持续 4 周的中度眼睑痉挛，双眼存在粉红色斑点（图 212.1、图 212.2）。

Ⅰ. 该病例最可能的诊断结果是什么？

Ⅱ. 该病例的另外两个鉴别诊断是什么？

Ⅲ. 该病如何诊断？

Ⅳ. 该情况的治疗方法是什么？

病例 212：回答　　Ⅰ. 嗜酸性角膜炎（EK）多发于猫。眼科检查通常显示局灶性至弥漫性、白色至粉红色颗粒状的角膜斑块。猫疱疹病毒 1 型与 EK 密切相关，在一项研究中，76％ 的 EK 患猫呈猫疱疹病毒 1 型阳性。

Ⅱ. 猫角膜上出现粉红色颗粒状肿块的鉴别诊断是肿瘤（鳞状细胞癌）和肉芽组织。双眼出现上述两种疾病中的任何一种都是非常罕见的。

Ⅲ. EK 的诊断基于角膜刮片的细胞学检查或角膜活检的组织病理学检查。细胞学检查通常显示存在嗜酸性粒细胞（图 212.3）、肥大细胞、淋巴细胞或浆细胞。

Ⅳ. 当角膜上皮完整时，可选择局部使用皮质类固醇进行治疗。局部应用环孢素 A 对某些难治性病例可能有用。

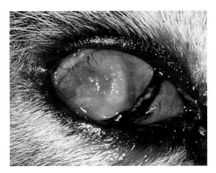
图 212.1　3 岁家养短毛猫右眼外观

图 212.2　患猫左眼外观

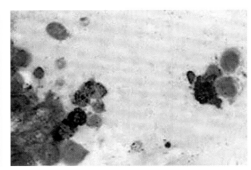
图 212.3　角膜刮片细胞学检查

图 213.1　罗威纳犬外观

病例 213：问题　　这只罗威纳犬的下颌下方出现一个较大的肿块（图 213.1）。主人对肿块和下垂的右眼睑感到忧虑。肿块抽吸显示为一种黏稠带血的液体，几乎没有细胞群。

Ⅰ. 您对该肿块有哪些鉴别诊断？

Ⅱ. 该病例最可能的诊断结果是什么？

Ⅲ. 肿块和眼睑外翻的病理生理学是什么？

Ⅳ. 您将如何手术纠正该情况？

病例 213：回答　　Ⅰ. 鉴别诊断包括涎腺囊肿和肿瘤（淋巴瘤、脂肪瘤、涎腺肿瘤）。

Ⅱ. 基于细针穿刺的分析，该犬患有一个巨大的涎腺囊肿，导致轻微的眼睑外翻。

Ⅲ. 涎腺囊肿的确切原因尚不清楚，但有人提出是外伤和异物穿透。当唾液腺受损后，唾液会泄漏到周围组织中。渗出的唾液最常聚集在颅颈区和下颌区。

Ⅳ. 手术引流肿胀和手术切除涎腺囊肿是治疗选择。涎腺囊肿收缩后，可能需要矫正眼睑外翻，但该犬无需矫正。

病例 214　病例 215　病例 216

病例 214：问题　一只 11 岁未去势的雄性混种犬的上眼睑外侧（图 214.1）出现一个棕褐色、扁平、圆形的肿块。

Ⅰ. 该肿块可能源自何处，该病例最可能的诊断结果是什么？

Ⅱ. 如何治疗该肿块？

图 214.1　11 岁未去势雄性混种犬患眼外观

病例 214：回答　Ⅰ. 肿块来自于眼睑睑板腺，因此最有可能是腺瘤或腺癌。这些肿瘤可能呈粉红色或有不同程度的色素沉着，且常呈分叶状。一些睑板腺腺瘤（图 214.2）或腺癌可能会溃烂和出血。它们可引起眼睑痉挛、溢泪、结膜充血以及角膜血管化和色素沉着。犬眼睑的其他肿瘤还有黑色素瘤、纤维瘤和纤维肉瘤、肥大细胞瘤、脂肪瘤和乳头状瘤。

Ⅱ. 犬眼睑肿瘤的治疗方法包括手术切除、冷冻手术或两者联合。手术切除和冷冻手术后的复发率较低。可切除累及内眦和（或）泪小点的肿块，但这些操作可能会损伤鼻泪引流系统。

图 214.2　睑板腺腺瘤显微镜检查

病例 215：问题　这只家养短毛猫存在被称为虹膜膨隆的情况。瞳孔内存在纤维蛋白且前房塌陷（图 215.1）。

Ⅰ. 虹膜膨隆形成的机制是什么？

Ⅱ. 如何治疗虹膜膨隆？

病例 215：回答　Ⅰ. 慢性葡萄膜炎可导致虹膜膨隆。在前列腺素和其他直接作用于虹膜括约肌的炎症介质的作用下可观察到瞳孔缩小。瞳孔缩小导致虹膜与晶状体的接触增加。释放到葡萄膜炎性房水中的纤维蛋白和炎性蛋白可导致虹膜与晶状体前囊的快速黏附或粘连。如瞳孔周围发生 360° 粘连，而房水继续产生，那么则增加了后房内的压力，从而向前推动虹膜使前房变浅。青光眼是虹膜膨隆的结果。

Ⅱ. 药物治疗。局部使用皮质类固醇来压制葡萄膜炎，并局部使用阿托品和苯肾上腺素来尝试扩张瞳孔。组织纤溶酶原激活物用于急性病例，试图分解引起虹膜粘连的纤维蛋白。如果虹膜膨隆持续存在，则视力预后不良。

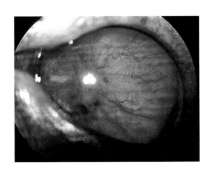

图 215.1　家养短毛猫患眼外观

病例 216：问题　一只 10 岁雄性金毛寻回猎犬出现双侧疼痛性红眼。眼科检查发现存在轻度结膜充血、轻度房水闪辉和 3 ~ 4 个充满血液的葡萄膜囊肿（图 216.1）。

Ⅰ. 该病例的诊断结果是什么？

Ⅱ. 该病有何意义？

病例 216：回答　Ⅰ. 诊断为色素性葡萄膜炎。该疾病的临床症状是晶状体前囊上呈放射状色素沉着、伴有或不伴有葡萄膜囊肿的多灶性色素沉着的虹膜区域、充满血液的葡萄膜囊肿、前房内蛛网样纤维蛋白碎片，以及虹膜后粘连。

Ⅱ. 色素性葡萄膜炎是金毛寻回猎犬的一种进行性致盲疾病。应立即开始对葡萄膜炎进行药物治疗，而且将是长期性治疗（见病例 12）。并发症为青光眼和白内障，两者均可能致盲。

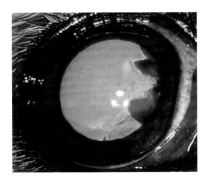

图 216.1　10 岁雄性金毛寻回猎犬眼科检查

病例 217 病例 218

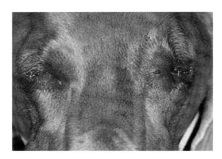

图 217.1 年轻魏玛犬双眼外观

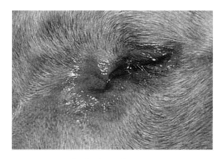

图 217.2 患犬左眼外观

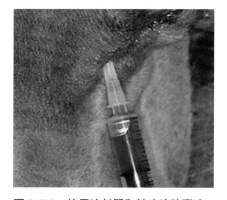

图 217.3 使用注射器和针头清除囊液

图 217.4 手术切除囊肿

病例 217：问题 一只年轻魏玛犬的左眼内眦出现一个软性肿胀（图217.1、图 217.2）。

Ⅰ. 描述在该犬中看到的临床症状。

Ⅱ. 该病例最可能的诊断结果是什么？

Ⅲ. 在该病的所有患病动物中，将观察到什么临床症状？

Ⅳ. 该类病症的治疗方法是什么？

病例 217：回答 Ⅰ. 可见双眼眼睑痉挛和泪溢。左眼内眦的内侧和腹侧存在一个肿胀（图 217.2）。右眼的同一位置可能存在类似的病变（尽管较小）。

Ⅱ. 诊断为泪小管囊肿，这是一种起源于泪小管的先天性囊肿。犬的泪腺引流系统由上、下眼睑的泪点组成。每个泪点与一个泪小管相连并合并形成一个单独的鼻泪管，随后进入鼻内。

Ⅲ. 泪溢继发于泪小管囊肿压迫泪小管。

Ⅳ. 可使用注射器和针头（图 217.3）清除囊液。这可能会暂时改善临床症状，囊液可用于诊断。手术切除囊肿（图 217.4）可恢复泪小管通畅，从而改善患病动物的泪溢。

病例 218：问题 一只 8 岁雄性混种犬被诊断为双眼原发性青光眼，导致该犬永久性失明。选择的治疗方法是眼内义眼植入术。图示的两张图像均拍摄于术后 1 年（图 218.1）。

Ⅰ. 为什么您对该犬选择眼内义眼植入术作为治疗方法表示怀疑？

Ⅱ. 术后 1 年，双眼外观是否符合预期？

病例 218：回答 Ⅰ. 眼内压（IOP）长期升高导致视网膜损伤和失明。当发生失明时，建议进行眼球摘除术或眼内义眼植入术。一些动物主人更喜欢义眼的外观，尽管犬自己肯定不在乎！眼球摘除术或义眼植入术后犬不再疼痛，也不再需要昂贵的降眼内压药物。如果该犬患有干燥性角结膜炎或角膜变性，或者青光眼是由眼内感染或肿瘤所引起，则不应进行眼内义眼植入术。

Ⅱ. 植入义眼后，眼球将围绕植入物收缩，角膜将血管化并变成灰色。深色是眼球颜色与黑色义眼相结合的结果。

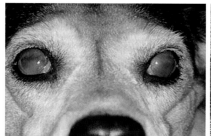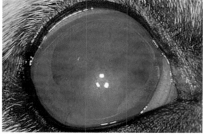

图 218.1 8 岁雄性混种犬术后 1 年双眼外观

病例 219　病例 220

病例 219：问题　对一只 3 岁的家养短毛猫进行检查，发现它存在眼睑痉挛、泪溢和中度结膜炎（图 219.1）。该猫刚搬进新房子。

　Ⅰ.该病例最可能的诊断结果是什么？

　Ⅱ.棕色泪痕的原因是什么？

　Ⅲ.该猫双眼的颜色为何不同？

图 219.1　3 岁家养短毛猫双眼外观

病例 219：回答　Ⅰ.诊断为疱疹性结膜炎（见病例 31）。猫疱疹病毒 1 型（FHV-1）潜伏在三叉神经节中，当猫应激时会再次爆发。幼猫 FHV-1 感染引起的严重眼表炎症可能导致获得性泪点狭窄或闭塞。睑球粘连（睑结膜和球结膜的异常粘连）可使一个或两个泪点的开口阻塞。可在放大情况下仔细检查泪点开口来确认是否阻塞。

　Ⅱ.棕色泪痕是由泪液中的乳铁蛋白样色素所致。泪痕常见于白色被毛的动物，但也见于深色被毛的动物。细菌对泪液蛋白的作用可加重着色。

　Ⅲ.该猫存在虹膜异色症，或两种不同的虹膜颜色。像该猫一样，这可能是一个正常的结果，也可能继发于前葡萄膜炎或虹膜黑色素瘤。

病例 220：问题　这只 12 岁犬的左眼出现轻度、无痛性眼球突出。

　Ⅰ.描述检眼镜检查（图 220.1）和超声检查（图 220.2）的结果。

　Ⅱ.您的鉴别诊断和治疗是什么？

病例 220：回答　Ⅰ.检眼镜检查显示视神经乳头的腹侧边缘变形和凹陷；超声图像显示眼眶内存在一个占位性结构。

　Ⅱ.诊断时应考虑眼眶肿瘤和脓肿。肿瘤是最常见的眼眶疾病。最常见的眼眶肿瘤是纤维瘤、脑膜瘤、骨肉瘤和淋巴肉瘤。眼眶肿瘤多为原发性和恶性。不出所料，各种肿瘤均可发生。眼眶肿瘤引起缓慢进行性的单侧眼球突出，伴随不同程度的眼球移位，而眼眶脓肿通常发病急且疼痛剧烈。与眼眶炎性疾病相比，眼眶肿瘤最初并不疼痛。超声检查，最好是 CT 或 MRI 可以显示眼眶肿瘤的范围，仔细的细针穿刺可做出确诊。对于局部肿块进行手术切除肿瘤，理想情况下是保留眼球和视力。如果不能保留眼球，则必须考虑眼球摘除术或彻底的眼眶切除术。眼眶肿瘤的外科治疗可联合放疗、化疗或两者兼顾。在大多数病例中，顶多预后谨慎。细针穿刺显示该犬为眼眶淋巴肉瘤。

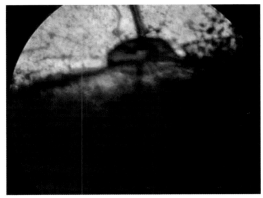

图 220.1　12 岁犬患眼检眼镜检查图像

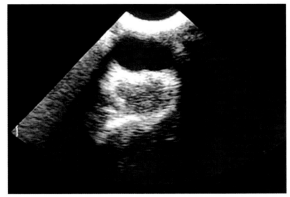

图 220.2　患眼超声检查图像

病例 221　病例 222

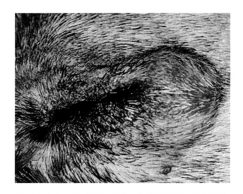

图 221.1　10 岁混种㹴犬患眼红肿和脱毛

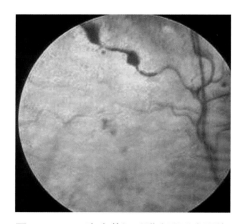

图 222.1　15 岁家养短毛猫患眼眼底照片

病例 221：问题　您接诊到一只 10 岁的混种㹴犬，它表现出与左眼外眦肿块相关的红肿和脱毛（图 221.1）。手术切除肿块（图 221.2）并进行活检显示为软骨瘤。

Ⅰ.您对外眦肿块的鉴别诊断有哪些？

Ⅱ.软骨瘤的病因和病理生理学是什么？

Ⅲ.讨论切除该肿块的手术方法。

病例 221：回答　Ⅰ.鉴别诊断包括软骨瘤、皮脂腺腺瘤 / 腺癌、鳞状细胞癌、黑色素瘤或其他肿瘤。

Ⅱ.软骨瘤是与软骨组织相关的肿瘤。

Ⅲ.需要手术切除后进行眼睑重建术，以切除肿块并达到可接受的美容效果。必须剥离肿块周围的皮肤并将其切除。需要进行外眦成形术并剥离肿块周围以及下方的组织来确定其附着范围，以达到完全清除。可使用 Z 形成形术（如各种教科书中所述）切除肿块后对外眦进行眼睑重建术。

病例 222：问题　这张眼底照片（图 222.1）拍摄于一只 15 岁的家养短毛猫。

Ⅰ.描述临床结果。

Ⅱ.猫全身高血压与哪些眼部异常有关？

Ⅲ.位于 12 点钟位置的血管出现连续扩张，该现象被称为"box carring"。"box carring"这种临床症状的病理生理学是什么？

病例 222：回答　Ⅰ.血管中存在节段性的血管收缩和扩张。这被称为"box carring"。

Ⅱ.眼部异常还包括视网膜出血、"box carring"、视网膜脱离、视网膜劈裂、视网膜水肿、视网膜变性、前房出血和青光眼。

Ⅲ.高血压可导致视网膜微动脉持续收缩，从而导致视网膜的缺血性损伤和变性。当内皮细胞和血管平滑肌受损时，红细胞和血浆从血管泄漏到视网膜组织中，这导致组织压力急剧升高。这种情况可见于视网膜出血、视网膜水肿和视网膜劈裂。"box carring"是由视网膜组织压力高于血管内压力所致，从而导致血管在某些节段处塌陷。随后血管内压升高并迫使血液向前流动，直至到达血管坍塌的新位点，该过程再次开始。请注意此过程与病例 244（该病例也涉及猫的高眼内压）中观察到的过程有何不同。

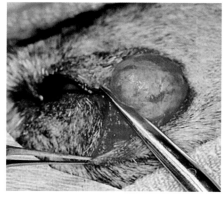

图 221.2　手术切除肿块

病例 223　病例 224

病例 223：问题　这只英国史宾格猎犬（图 223.1）出现了与眼眶肿瘤相关的眼球突出。将位于最后臼齿后方的脓肿进行了引流（图 223.2）。放置了一根引流管帮助清除渗出物（图 223.3）。

Ⅰ. 哪些临床症状与眼眶肿瘤相关？

Ⅱ. 在家养物种中还发现了哪些其他的眼眶肿瘤？

Ⅲ. 犬眼眶肿瘤的恶性率为多少？

Ⅳ. 推荐什么手术方法来切除眼眶肿瘤？

Ⅴ. 手术切除肿瘤后，建议进行哪些后续治疗？

病例 223：回答　Ⅰ. 临床症状包括单侧眼球突出（通常无痛）、眼球运动性减弱、眼球偏斜、第三眼睑突出，继发于眼球突出的暴露性角膜炎、眼周肿胀、瞳孔散大、流鼻涕和失明。该犬患有坏死性眼眶鳞状细胞癌，因此有一定程度的疼痛感。

Ⅱ. 脑膜瘤、淋巴肉瘤、腺癌、纤维肉瘤、神经胶质瘤、黏液瘤、多小叶骨肉瘤、横纹肌肉瘤（见病例 98）。

Ⅲ. 80% ~ 90%。

Ⅳ. 通过颧弓切除术来进行探索性眼眶切开术。可尝试切除肿瘤，但可能需要进行眶内容物剜除术。

Ⅴ. 放疗（图 223.4）、化疗或免疫疗法。该病例通过铱植入物控制了病情 1 年多。

 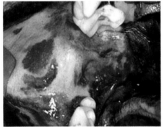 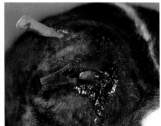 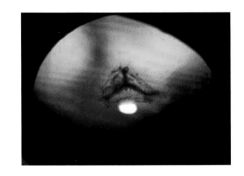

图 223.1　英国史宾格猎犬双眼外观　图 223.2　最后臼齿后方的脓肿被引流　图 223.3　患眼上方放置一根引流管　图 223.4　放疗

病例 224：问题　一只 2 岁雌性金毛寻回猎犬前来进行年度疫苗接种。眼科检查发现白内障（图 224.1）。

Ⅰ. 描述该白内障。

Ⅱ. 该白内障会发展到失明吗？

Ⅲ. 动物主人应该繁育该犬吗？

Ⅳ. 有何治疗建议？

病例 224：回答　Ⅰ. 这是一例后极性三角形缝线处白内障。该白内障位于晶状体的后部，因为后极的"Y"形缝线是倒置的"Y"形。这是金毛寻回猎犬和拉布拉多寻回猎犬品种相关白内障的典型位置（后囊下白内障）。

图 224.1　2 岁雌性金毛寻回猎犬眼科检查

Ⅱ. 该类型的白内障在极少数情况下才会缓慢发展至成熟并导致失明。在金毛寻回猎犬中还有第二种与品种相关的白内障，即进行性皮质性白内障。

Ⅲ. 在金毛寻回猎犬和拉布拉多寻回猎犬中很可能都存在常染色体隐性遗传模式。有人认为这种三角形白内障为杂合子，而更具进行性的白内障为纯合子。为了减少遗传性白内障在该犬种中的传播，建议不要繁殖患犬。

Ⅳ. 幸运的是，这种品种相关的白内障很少发展，但应每年监测一次。尚无针对白内障形成的预防性药物或外科治疗。

病例 225 病例 226

病例 225：问题 这两张图像（图 225.1）拍摄于两只犬，每只犬均存在睫状体肿块。

Ⅰ.描述这两只犬的临床表现。

Ⅱ.该病例最可能的诊断结果是什么？

Ⅲ.当临床评估该部位的肿块时，鉴别诊断列表中可能有哪些其他病变？

Ⅳ.哪些染色剂会对该肿瘤组织着色？

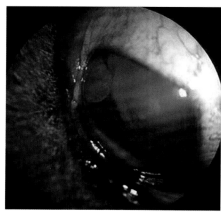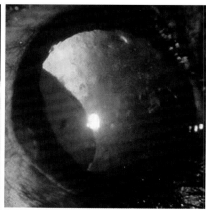

图 225.1 患犬患眼外观

病例 225：回答 Ⅰ.在两张照片中，通过散大的瞳孔可见在瞳孔边缘后方均存在一个粉红色肉样肿块。

Ⅱ.诊断为睫状体腺瘤，这是睫状体和虹膜最常见的肿瘤，是犬第二常见的眼内肿瘤。上皮性肿瘤外观呈明显的腺体样（图 225.2）。

Ⅲ.黑色素瘤具有相似的临床表现和部位。还应考虑葡萄膜囊肿。

Ⅳ.波形蛋白、S100、神经元特异性烯醇化酶和阿辛蓝均呈阳性染色。

病例 226：问题 这只 2 岁犬患有重度结膜炎（图 226.1、图 226.2）。

Ⅰ.描述这些照片中所见的临床症状。

Ⅱ.在犬中，这种眼眶疾病与结膜炎有何关联？

Ⅲ.在该眼眶的这种状况下还可能观察到哪些其他的临床症状？

病例 226：回答 Ⅰ.腹侧眼睑溢泪。内眦可见少量浅黄色黏液样分泌物。可见第三眼睑结膜表面严重充血。结膜部分区域出现坏死，左眼第三眼睑突出。该犬已被诊断为窦性骨髓炎。

Ⅱ.眼眶蜂窝织炎和结膜炎可见于窦性疾病。在眼眶疾病和窦性疾病中，结膜通常是第一个表现出受刺激、肿胀或移位的眼部组织。

Ⅲ.瘘道、睑浮肿和眼球突出。

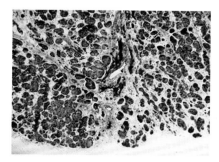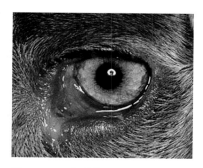

图 225.2 上皮性肿瘤外观   图 226.1 2 岁犬双眼外观   图 226.2 左眼外观

病例 227　病例 228　病例 229

病例 227：问题　这只 8 月龄腊肠犬出现了由球孢子菌感染引起的脉络膜视网膜炎（图 227.1）。

Ⅰ.引起犬球孢子菌病的微生物是什么？

Ⅱ.该病如何传播？

Ⅲ.球孢子菌病在哪些地区更常见？

Ⅳ.球孢子菌病的眼部表现有哪些？

Ⅴ.如何诊断球孢子菌病？

Ⅵ.球孢子菌病可采用哪些全身性治疗方法？

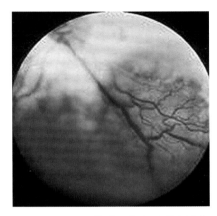

图 227.1　8 月龄腊肠犬患眼眼底图像

病例 227：回答　Ⅰ.粗球孢子菌是一种生活在土壤中的球形双相型腐生性真菌。

Ⅱ.该生物体通过吸入真菌孢子传播。

Ⅲ.本病流行于美国西南部的低海拔地区。也见于墨西哥、中美洲和南美洲。

Ⅳ.肉芽肿性葡萄膜炎和虹膜炎与眼前节有关，脉络膜视网膜炎和视网膜脱离与眼后节有关。

Ⅴ.玻璃体穿刺和前房穿刺可获取真菌成分。已开发 PCR 用于鉴定该生物体的 DNA，但由于其 DNA 在犬血清内持续时间较短，因此帮助可能有限。乳胶凝集、琼脂凝胶免疫扩散、ELISA，以及补体结合滴度和测定 IgG 抗体已被用于鉴定该病。

Ⅵ.酮康唑、伊曲康唑或氟康唑。治疗周期长。

病例 228：问题　一只 6 岁已绝育的雌性波士顿㹴犬在上眼睑处出现创伤性异物（附着于项圈上的挂钩）（图 228.1）。

Ⅰ.移除异物前应该做什么？

Ⅱ.有哪些治疗选择？

Ⅲ.术后需要进行哪些护理工作？

图 228.1　6 岁绝育雌性波士顿㹴犬左眼外观

病例 228：回答　Ⅰ.应进行眼科检查。应仔细检查角膜和前房。角膜撕裂和穿孔是眼睑创伤的潜在并发症。应检查有无前房出血、晶状体纤维情况和瞳孔大小。

Ⅱ.眼睑血管丰富，具有较强的愈合与抗感染能力。选择的治疗方法是移除挂钩使创口一期愈合。或者可在镇静情况下切开挂钩并将其移除，创口行二期愈合。

Ⅲ.术后护理包括局部和（或）全身使用抗生素、全身使用抗炎药（如卡洛芬）和佩戴伊丽莎白圈。术后立即冰敷，术后 2 ~ 4 d 热敷可减少眼睑肿胀。

病例 229：问题　一只年轻家养短毛猫患有猫传染性腹膜炎（FIP），并出现这种虹膜疾病（图 229.1）。

Ⅰ.哪种类型的 FIP 更常与眼部病变相关？

Ⅱ.FIP 最常见的眼部表现是什么，在图 229.1 的猫中描述了什么临床症状？

Ⅲ.FIP 的病因是什么？该病有哪些其他的眼部表现？

图 229.1　年轻家养短毛猫患眼外观

病例 229：回答　Ⅰ.非渗出性或干性。

Ⅱ.肉芽肿性前葡萄膜炎伴有大块的羊脂状角膜后沉积物和前房内的纤维蛋白常见于 FIP 患猫的眼睛。在该猫中观察到虹膜潮红（虹膜新生血管形成）。

Ⅲ.FIP 是一种冠状病毒。在 FIP 患猫中也会发现脉络膜视网膜炎。脓肿性肉芽肿性渗出可能位于视网膜血管周围。也可能出现视网膜脱离、视神经炎和视网膜出血。

病例 230　病例 231

病例 230：问题　一只成年混种犬出现的伤口与猎枪枪击造成的伤口相符。可见钢弹造成的角膜穿孔（图 230.1）。进行了 X 线检查（图 230.2）。

Ⅰ.讨论影像学检查结果。

Ⅱ.还有其他哪些影像技术可能有用？

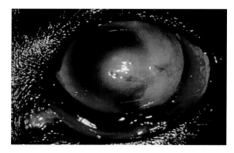

图 230.1　成年混种犬患眼外观

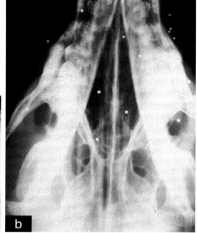

图 230.2　头部 X 线片（a，侧位；b，腹背位）

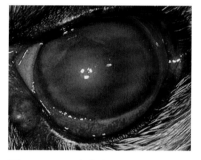

图 231.1　9 岁犬患眼外观

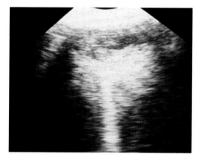

图 230.3　超声检查显示弹珠挡超声波探头的声波时所产生的回声伪影

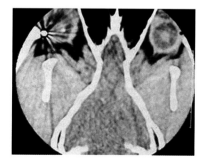

图 230.4　CT 检查定位弹珠位于眼球内

病例 230：回答　Ⅰ.该病例的关键是确定是否有弹珠进入眼睛。在 X 线片中可见几处存在金属物体，但平片无法确定弹珠是否在眼内。

Ⅱ.超声检查（图 230.3）和 CT ［"星暴征"（图 230.4）］。MRI 不应用于金属异物的定位，因为磁体会不加选择地将弹珠从眼球内拉出，从而导致进一步的创伤。

病例 231：问题　一只 9 岁犬具有 1 周红眼疼痛的病史（图 231.1）。该犬双侧眼患有重度前葡萄膜炎和虹膜肿胀。体格检查发现有淋巴结病。

Ⅰ.应进行什么诊断测试？

Ⅱ.该病例的诊断结果是什么？

Ⅲ.有哪些治疗方案？

Ⅳ.预后如何？

病例 231：回答　Ⅰ.应进行淋巴结细针穿刺。

Ⅱ.淋巴结的细胞学检查显示为淋巴肉瘤（见病例 173）。淋巴肉瘤是犬第二常见的眼内肿瘤。眼部疾病可被动物主人察觉，且通常为双侧眼。一项大型前瞻性研究发现，37％的淋巴肉瘤患病动物存在一些眼部病变。

Ⅲ.应立即开始对前葡萄膜炎进行药物治疗（见病例 12）。眼球摘除并不能增加生存期，但消除因葡萄膜炎和继发性青光眼所引起的眼部疼痛或许可以改善生活质量。对于淋巴肉瘤的治疗方案，应参考目前的内科教科书。

Ⅳ.预后不良。大多数患有眼部淋巴瘤病变的动物都处于淋巴瘤的晚期，也可能患有白血病。眼部淋巴瘤患犬的生存期较短。

病例 232　病例 233

病例 232：问题　一只 4 岁猎浣熊犬的角膜视轴区出现一个小的后弹力层膨出和角膜溃疡。

Ⅰ. 采用什么手术方法来治疗该后弹力层膨出（图 232.1）？

Ⅱ. 与其他方法相比，该手术的利弊是什么？

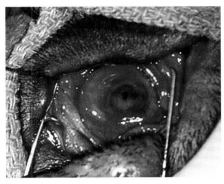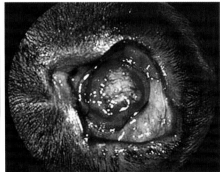

图 232.1　猎浣熊犬手术过程

病例 232：回答　Ⅰ. 游离岛状结膜瓣。

Ⅱ. 游离岛状结膜瓣是一种改良的结膜瓣，因为它没有血供。这些移植物从本质上来说是将结膜组织移植到角膜，以治疗深层角膜溃疡或角膜穿孔。该术式的成功可能取决于病变处的血管分布，因此无角膜血管化的病变使用常规的带蒂结膜瓣可能会更好地愈合。游离岛状结膜瓣手术的优点是：组织容易获得；可进行 360° 水密缝合；没有张力导致移植物过早回缩，术后不需要像带蒂结膜瓣或桥式皮瓣那样修剪移植物。患眼术后 4 周如图 232.2 所示。

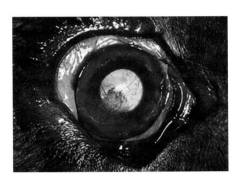

图 232.2　患眼术后 4 周

病例 233：问题　一只 12 岁家养短毛猫具有 2 周红眼和眯眼的病史（图 233.1、图 233.2）。

Ⅰ. 描述该病变。

Ⅱ. 该结膜病变有哪些鉴别诊断？

Ⅲ. 右眼角膜病变有哪些鉴别诊断？

病例 233：回答　Ⅰ. 双眼存在重度结膜充血和球结膜水肿。结膜增厚。左眼角膜透明，可见绿色毯部反射。右眼角膜未见毯部反射；存在一个棕褐色至粉红色胶冻样隆起的椭圆形中央病变以及角膜血管化并伴有水肿。

图 233.1　12 岁家养短毛猫双眼外观

Ⅱ. 鉴别诊断包括病毒性（猫疱疹病毒 1 型）和细菌性（如衣原体、支原体）感染、睑板腺炎、干燥性角膜结膜炎、嗜酸性角膜结膜炎、结膜外伤或异物和肿瘤。这是一例结膜淋巴肉瘤病例。

Ⅲ. 鉴别诊断包括后弹力层膨出、角膜异物、虹膜脱垂、溶解性角膜溃疡、上皮包涵囊肿、角膜内皮营养不良和脱落的角膜坏死灶。这是一例虹膜脱垂病例。

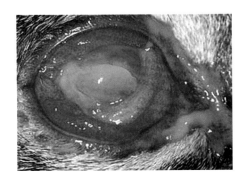

图 233.2　右眼病变

病例 234　病例 235　病例 236

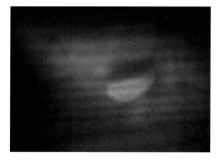

图 234.1　中年雄性混种犬患眼眼底图像

病例 234：问题　在对一只中年雄性混种犬进行眼底镜检查时，观察到视网膜出血（图 234.1）。

Ⅰ. 这种被称为"龙骨船"外形的视网膜出血位于视网膜的哪个位置？

Ⅱ. 哪种类型的疾病过程可能在检眼镜检查时发现具有"龙骨船"状出血的临床症状？

Ⅲ. 描述在检眼镜检查中可看到的视网膜出血的其他类型，以及与形状相对应的位置。

病例 234：回答　Ⅰ. 出血发生在视网膜前方，位于视网膜前方的玻璃体内。视网膜浅层血管可发生渗漏并导致玻璃体与视网膜分离，"龙骨船"状的出血形状与重力有关，其圆形末端指向 6 点钟位置。

Ⅱ. 该类型的出血可能与立克次体病和全身性高血压引起的感染性脉络膜视网膜炎有关。

Ⅲ. 位于视网膜和脉络膜之间的视网膜下方出血表现为大片边界模糊、弥漫性、暗红色的出血区。位于神经纤维层内的视网膜浅层出血可见为线性刷状或火焰状。位于视网膜内的深部出血通常可见为小的、分散的圆形出血。

图 235.1　6 岁雄性杜宾犬眼周皮肤色素脱失

病例 235：问题　一只 6 岁雄性杜宾犬的眼周存在 4 周白癜风（皮肤色素脱失）（图 235.1）。

Ⅰ. 眼周皮肤脱色的鉴别诊断有哪些？

Ⅱ. 无全身性白癜风，但也未检测到葡萄膜炎。那么该情况最可能做出什么诊断？

Ⅲ. 皮肤损伤的发病机制是什么？

病例 235：回答　Ⅰ. 鉴别诊断包括锌缺乏、红斑狼疮和葡萄膜皮肤综合征。

Ⅱ. 诊断为免疫介导性疾病——红斑狼疮。盘状红斑狼疮仅限于皮肤，而系统性红斑狼疮是一种多器官疾病。两种类型都经常出现伴随眼睑受累的面部皮肤病。

Ⅲ. 皮肤损害的发病机制涉及自体免疫反应，其中抗核抗体与角质细胞结合。抗体随后引起细胞毒性损伤和细胞因子释放，导致吸引淋巴细胞和上皮损伤。目前的内科学教材将有助于详细的诊断和治疗。

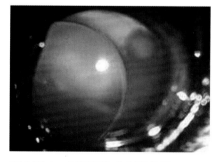

图 236.1　6 岁混种犬患眼外观

病例 236：问题　一只 6 岁混种犬具有 2 d 眼睛疼痛的病史。眼科检查时，在瞳孔后方观察到一个新月形结构（图 236.1）。

Ⅰ. 描述病变。

Ⅱ. 该病例的诊断结果是什么？

Ⅲ. 该疾病的病理生理学是什么？

Ⅳ. 有哪些治疗方案？

病例 236：回答　Ⅰ. 角膜透明，晶状体向左侧脱位，右侧存在一个无晶状体新月形。在右侧无晶状体新月形的区域清晰可见视神经、毯部和非毯部区域。

Ⅱ. 诊断为晶状体脱位。

Ⅲ. 晶状体脱位的病理生理学尚不清楚。晶状体悬韧带的遗传性缺陷是㹴犬和沙皮犬发生原发性晶状体脱位的病因。在患有晶状体脱位和前葡萄膜炎的犬中，炎性细胞可能攻击悬韧带纤维。青光眼导致的牛眼也将导致晶状体半脱位或完全脱位并使其进入前房或玻璃体内。

Ⅳ. 治疗方案包括药物和手术治疗（见病例 62）。

病例 237　病例 238

病例 237：问题　这只混种犬的眼球外部最近出现了一个肿块（图 237.1、图 237.2）。主诉该肿块突然发生，她担心可能是癌症。仔细检查肿块后发现一个柔软的、色素沉着的"油性"肿块松散地附着在眼球上。

　　Ⅰ.您有哪些鉴别诊断？

　　Ⅱ.描述您如何快速确定该肿块的病因？

　　Ⅲ.该情况的治疗方法是什么？

　　Ⅳ.预后如何？

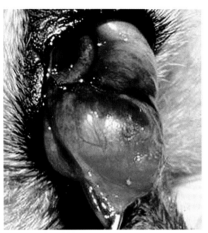

图 237.1　混种犬患眼外观　　　　图 237.2　眼球外肿块

病例 237：回答　Ⅰ.可能的鉴别诊断包括樱桃眼（瞬膜腺脱出）、第三眼睑肿瘤（淋巴瘤、脂肪瘤、肉瘤、黑色素瘤）和眼眶脂肪脱垂。

　　Ⅱ.在该肿块的细针穿刺物中发现大量脂肪细胞，故诊断为眼眶脂肪脱垂。

　　Ⅲ.由于眶隔破裂导致眼眶脂肪脱垂。通过手术切除脱垂的脂肪组织后将结膜与巩膜外层组织缝合来进行治疗。

　　Ⅳ.可能复发。

病例 238：问题　一只 7 岁混种犬出现持续 2 周的双眼中度睑缘炎和眼周毛发脱落（图 238.1）。

　　Ⅰ.应进行哪些诊断测试？

　　Ⅱ.犬睑缘炎有哪些鉴别诊断？

　　Ⅲ.该患病动物还存在躯干脱毛、体重增加但食欲未增加及皮肤干燥的症状。建议应进行哪些其他检查？

图 238.1　7 岁混种犬双眼中度睑缘炎和眼周毛发脱落

病例 238：回答　Ⅰ.所有睑缘炎的患犬都应进行 Schirmer 泪液测试（STT）（见病例 113）。该犬的 STT 值为 5 mm/min，表明患有重度干燥性角膜结膜炎（KCS）。睑缘炎患犬也应进行皮肤细胞学和（或）组织学检查。

　　Ⅱ.双眼睑缘炎的鉴别诊断包括细菌性（葡萄球菌和链球菌）、真菌性（小孢子菌和毛癣菌）、寄生虫性（蠕形螨和疥螨）、利什曼原虫、激素相关和免疫介导性疾病。

　　Ⅲ.甲状腺功能减退与 KCS 之间存在临床关联。约有 20% 的甲状腺功能减退患犬患有 KCS。该患犬中所见的睑缘炎通常与甲状腺功能减退及躯干脱毛、体重增加和皮肤干燥相关。针对 T_3、T_4、促甲状腺激素和游离 T_4 的一套甲状腺检查将有助于诊断。目前的内科学教材将有助于详细的诊断和治疗。

病例 239：问题 一只 5 月龄的暹罗猫前来进行疫苗接种。

Ⅰ.描述该病变（图 239.1）（瞳孔被药物扩张）。

Ⅱ.该病例的诊断结果是什么？

Ⅲ.这种动物是否对该疾病具有品种倾向？

Ⅳ.有哪些治疗方案？

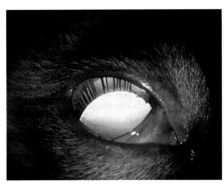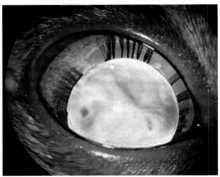

图 239.1 5 月龄暹罗猫扩瞳后患眼照片

病例 239：回答 Ⅰ.小晶状体和睫状突被拉长。外侧存在局灶性白内障。

Ⅱ.诊断为双眼小晶状体。晶状体体积小于正常，因此可看到睫状突。

Ⅲ.暹罗猫易患这种先天性晶状体疾病，但在家养短毛猫中也有报道。

Ⅳ.无治疗小晶状体的方法。应监测患病动物是否出现晶状体半脱位、脱位和青光眼（晶状体脱位和青光眼的症状及治疗见病例 34 和病例 81）。

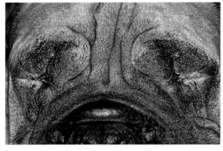

图 240.1 成年雄性马士提夫犬双眼外观

图 240.2 患眼外观

病例 240：问题 一只成年雄性马士提夫犬出现严重的双眼眼睑疾病和眼睑痉挛（图 240.1、图 240.2）。

Ⅰ.描述这些照片中所见的临床异常。

Ⅱ.存在什么程度的眼睑内翻？轻度、中度或重度？

Ⅲ.哪些因素可导致该犬存在这种眼睑问题以及严重程度？

Ⅳ.可以做什么简单的测试来帮助确定该眼睑问题是原发性（先天性或发育性）还是继发性（由于剧烈疼痛而获得）？

Ⅴ.该情况的治疗方法是什么？

病例 240：回答 Ⅰ.双眼上下眼睑存在苔藓化、色素脱失和角化过度。存在眼睑内翻，因为双眼均无法观察到正常睑缘。在双眼中，均只能通过一个小的开口看见眼球。在图 240.2 中可见一小部分结膜充血。

Ⅱ.通过睑缘向内翻卷了约 180° 来界定该马士提夫犬患有严重的眼睑内翻。轻度眼睑内翻是指睑缘向内翻卷约 45°，而中度则是睑缘向内翻卷约 90°。

Ⅲ.眼睑内翻可受眼眶骨结构、颅骨构造、眼眶裂长度、生长阶段、过度的面部皮肤和褶皱及性别的影响。

Ⅳ.可在角膜表面使用表面麻醉剂，以帮助区分原发性或解剖学的眼睑内翻与继发性或痉挛性眼睑内翻。使用表面麻醉剂后必须仔细观察。

Ⅴ.手术修复。在该犬中，可能需要多种眼睑成形术或联合几种技术来矫正该缺陷。

病例 241　病例 242

病例 241：问题　一只 5 岁雌性混种犬的右眼患有急性青光眼。该图像为右侧眼底（图 241.1）。

Ⅰ. 描述图 241.1 中所示的临床结果。

Ⅱ. 根据该图像可以做出哪些可能的鉴别诊断？

Ⅲ. 在青光眼患犬中，与视网膜神经节细胞死亡和轴突丢失有关的视盘变化有哪些？

Ⅳ. 对患有青光眼性视网膜和视神经损伤的犬使用直接检眼镜的无赤光滤器检查时，可发现哪些检眼镜检查结果？

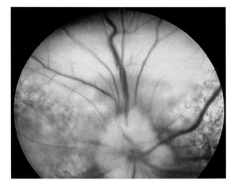

图 241.1　5 岁雌性混种犬右眼眼底图像

病例 241：回答　Ⅰ. 整个视盘存在肿胀。视盘边界模糊，尤其是在 9 点钟到 3 点钟位置之间。视盘外周相关的血管因视网膜水肿而向前隆起。10 点钟到 2 点钟位置之间的视网膜出现水肿，在视盘更外围的 9 点钟位置也存在一个局灶性视网膜水肿区域。

Ⅱ. 可能的鉴别诊断为青光眼和视神经炎。

Ⅲ. 视神经乳头杯的直径增大，盘缘面积减小（见病例 123）。还可观察到视神经乳头水肿和视盘出血。

Ⅳ. 使用无赤光滤器发现在衰弱的神经纤维层的视网膜光泽中有暗楔形缺陷。

病例 242：问题　一只 7 岁雌性波士顿㹴犬具有 6 个月双眼不断发蓝的病史，双眼眼内压为 18 mmHg，双眼存在浅表性不愈合溃疡（图 242.1）。

Ⅰ. 您的诊断结果是什么？

Ⅱ. 图 242.2 中进行的是什么操作？

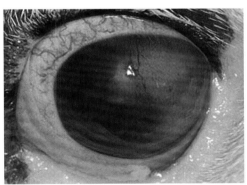

图 242.1　7 岁雌性波士顿㹴犬患眼外观

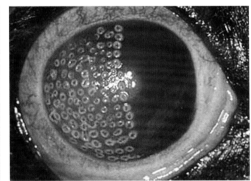

图 242.2　术中照片

病例 242：回答　Ⅰ. 犬的特征（中年雌性波士顿㹴犬）和临诊症状（双眼、缓慢进展、角膜水肿加剧、IOP 正常和浅表性不愈合溃疡）表明内皮营养不良。

Ⅱ. 角膜热成形术可能对持续性大疱形成和不愈合角膜溃疡的患病动物有用。该手术将导致上皮渗透性改变和浅层基质胶原纤维收缩，从而使水从角膜中排出，以此减轻角膜水肿。角膜热成形术在重度镇静或全身麻醉下进行。在暴露的基质上进行多点的低电压热烧灼。该操作可使角膜溃疡迅速愈合。

病例 243 病例 244

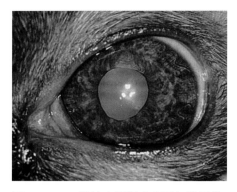

图 243.1 9 岁约克夏狸犬患眼虹膜异常

病例 243：问题 一只 9 岁约克夏狸犬出现虹膜异常（图 243.1），主要位于 12 点钟和 6 点钟位置。

Ⅰ.该约克夏狸犬所出现的异常情况被称为什么？

Ⅱ.其病因是什么，需要治疗吗？

病例 243：回答 Ⅰ.称为老年性虹膜萎缩（SIA）。

Ⅱ.SIA 常见于老年犬中。是虹膜基质或瞳孔边缘自发渐进性变薄。尽管其可能发生于任何品种中，但玩具贵宾犬、迷你贵宾犬、迷你雪纳瑞犬和吉娃娃犬发生的概率似乎更高。瞳孔边缘常发展为扇形、虫蛀状外观。瞳孔肌萎缩导致瞳孔变形，并可能导致瞳孔对光反射减弱或消失。因此，当存在传出性瞳孔异常时，临床医生必须将虹膜萎缩考虑为可能的病因。SIA 最初也可能表现为自然虹膜染色出现细微的褪色，以及由后部的色素化虹膜上皮暴露所导致的局灶区域色素沉着增加。随着衰退的发展，额外变薄的情况可能导致色素化的虹膜上皮层出现孔洞。透照时，受影响的虹膜区域出现半透明斑点或开口（如图 243.1 所示），当光线从毯部眼底通过受影响的虹膜区域反射时最引人注目。不应将这些全层缺损误认为是先天性虹膜缺损。虹膜萎缩不影响视力；然而，严重病例可能表现出畏光。尽管护目镜和有色角膜接触镜已用于严重畏光的犬中，但虹膜萎缩无治疗方法。

病例 244：问题 一只 16 岁家养短毛猫出现急性视力丧失。当问诊时，主人透露该猫似乎也存在多尿和多饮的情况。

Ⅰ.针对这些眼底照片（图 244.1）中所描述的病变有哪些主要的鉴别诊断？

Ⅱ.应对该猫进行哪些诊断测试，可采用什么治疗方法？

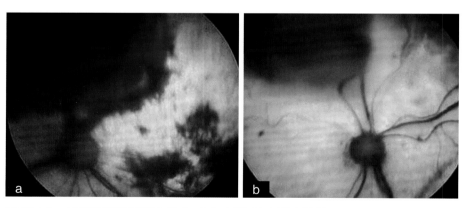

图 244.1 16 岁家养短毛猫右眼（a）和左眼（b）眼底图像

病例 244：回答 Ⅰ.双眼均存在玻璃体出血和视网膜局灶性区域脱离。主要鉴别诊断是全身性高血压。多尿/多饮的病史表明血管性高血压可能继发于肾脏疾病。这是老年猫出现急性失明的常见病因（见病例 159）。眼部检查可发现视网膜脱离、视网膜下和视网膜内出血、血管扭曲、前房出血、玻璃体出血和青光眼。

Ⅱ.通过血压判读，以及血液常规检查和尿液分析评估肾脏功能。每只猫每天口服氨氯地平 0.625 mg 是降低血压并使视网膜复位的最常见疗法。

病例 245　病例 246

病例 245：问题　一只 1 岁德国牧羊犬的左眼如图所示（图 245.1）。

Ⅰ. 该照片显示了什么异常情况？

Ⅱ. 病因是什么？

Ⅲ. 治疗方法是什么？

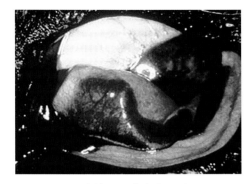

图 245.1　1 岁德国牧羊犬左眼外观

病例 245：回答　Ⅰ. 瞬膜（NM）软骨轴的内侧和外侧尖端发生了翻转。

Ⅱ.NM 软骨轴外翻是大型犬种中常见的异常现象。在德国短毛波音达犬中可能具有遗传性。这被认为是软骨后部的生长速度快于前部所致。外翻的软骨表现为 NM 的前缘向前折叠，后部暴露。其结果是发生慢性结膜炎和产生眼分泌物。

Ⅲ. 最流行的手术矫正方法是切除 NM 软骨的折叠部分。NM 软骨的内侧和外侧尖端内翻较为少见（如本病例）。这种软骨的刺激可导致角膜炎和角膜溃疡。如果涉及尖端弯曲，那么也可以通过手术将其切除。

病例 246：问题　一只犬突然失明。该犬眼底图像（图 246.1）是否正常？

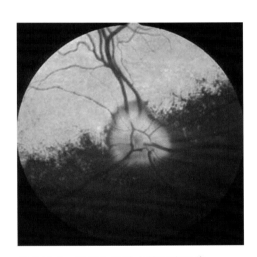

图 246.1　突然失明的犬的眼底图像

病例 246：回答　该病例双眼眼底外观正常，但该犬失明。根据视网膜电位图（ERG）和临床检查结果诊断为突然获得性视网膜变性（SARD）。SARD 是一种突然丧失视力的综合征。突发性失明的鉴别诊断还包括视神经炎、皮质盲和视网膜脱离，但在该图像中并没有这些疾病的证据。SARD 患病动物在初始的检眼镜检查中未见症状，但数周至数月后可出现视网膜变性的迹象。由于光感受器的爆发性破坏，因此从病初开始就无法检测到 ERG。SARD 常见于中年、轻度肥胖、多尿 / 多饮的雌性犬。患病动物出现"类库兴综合征"。贵宾犬和腊肠犬是常见的发病品种。病因尚不清楚，但已提出该病与黑素细胞刺激素或促肾上腺皮质激素的失衡，以及视网膜色素上皮的代谢紊乱相关的中毒性变性或代谢紊乱有关。一些 SARD 病例可能为免疫介导性。在一些病例中，玻璃体内的谷氨酸水平较高。目前尚无可靠或已证实的疗法，但对 SARD 的病因和治疗的研究仍在继续。

病例 247　病例 248　病例 249

图 247.1　成年雌性北京犬双眼外观

图 247.2　患眼俯视图

图 248.1　12 周龄幼猫患眼可见角膜中央出现一个大的灰斑

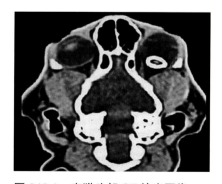

图 249.1　患猫头部 CT 检查图像

病例 247：问题　这只成年雌性北京犬（图 247.1、图 247.2）被诊断为芽生菌病，正在对其真菌诱发性前葡萄膜炎进行治疗。

Ⅰ. 描述所示的临床症状。

Ⅱ. 什么疾病过程导致这类症状？

Ⅲ. 该犬的治疗方案有哪些？

病例 247：回答　Ⅰ. 右眼球存在中度结膜充血、重度牛眼和虹膜肿胀（图 247.1）。

Ⅱ. 继发性青光眼是显著牛眼最可能的病因。葡萄膜炎引起的房角阻塞导致眼内压（IOP）长期升高。IOP 升高导致眼球增大。

Ⅲ. 该犬眼球重度牛眼和失明，不可能完全眨眼以覆盖角膜（图 247.2）。眼球被摘除。

病例 248：问题　一只 12 周龄幼猫的角膜中央出现一个大的灰斑（图 248.1）。

Ⅰ. 描述该病变。

Ⅱ. 该病例最可能的诊断结果是什么，病因是什么？

Ⅲ. 有哪些治疗方案？

病例 248：回答　Ⅰ. 有多条虹膜色组织从虹膜延伸至角膜。角膜存在一块大的灰色区域，在该区域中可见条状物黏附在角膜内皮上。无活动性炎症的迹象。

Ⅱ. 诊断为永久性瞳孔膜（PPMs）。在胎儿中，瞳孔被一层薄的瞳孔膜封闭，该膜在出生前退化。有时，该膜在出生时退化不完全，在 4 ~ 5 周龄前仍存在一些小的条状物（见病例 41）。在该病例中，PPMs 较大且易于观察到。PPMs 的一端始终附着在虹膜卷缩轮上，而另一端要么漂浮在前房内、附着在晶状体上（前囊性白内障）、附着在虹膜卷缩轮的另一端，要么如该病例中，附着在角膜内皮上，导致较大的不透光区或角膜白斑。

Ⅲ. 大多数 PPMs 无需治疗。

病例 249：问题　这是一只猫的 CT 影像（图 249.1）。

Ⅰ. CT 扫描在兽医眼科中有哪些优势？

Ⅱ. 存在什么眼部病变？

病例 249：回答　Ⅰ. CT 极大地提升了动物眼部和眼眶疾病的诊断与管理。CT 机的扫描 X 线管发出细而准直的 X 线束。当射线通过组织时衰减，然后由阵列的特殊检测器收集。检测器将 X 线光子转换为薄组织切片（1 ~ 3 mm）影像。眼眶的解剖结构是 CT 的理想对象。相对致密的神经、眼球和眼外肌被透明的眶脂肪包围并被包裹在致密的骨质中，这为 CT 提供了高对比度的组织结构。CT 用于眼眶创伤、视神经炎、眼眶感染和蜂窝织炎及眼眶肿瘤的分析。它还可证实眼球内的变化，如晶状体脱位、眼球穿孔和玻璃体内出血。CT 可识别先天性视盘缺损，以及可对 >0.5 mm 的多种眼内及眶内异物准确定位。然而，CT 扫描仪在常规诊断测试中的可用性仍然有限且成本高昂，动物进行该检查需要全身麻醉。

Ⅱ. 发现图中右侧的眼睛存在晶状体后脱位。

病例 250　病例 251

病例 250：问题　两张正常的犬眼底图像如图所示（图 250.1）。

Ⅰ.列出正常犬眼底的直接检眼镜图像中显示的解剖结构。

Ⅱ.视乳头（ONH）中央黑点的名称是什么？

Ⅲ.ONH 内的主要细胞类型是什么？

病例 250：回答　Ⅰ.毯部、非毯部、视网膜血管和 ONH。图 250.1a 中，毯部存在毯部岛而呈颗粒状。

Ⅱ.生理性窝，是玻璃体动脉的残迹。在组织学标本（图 250.2）中最为明显。

Ⅲ.神经胶质细胞（星形胶质细胞），该细胞提供物理支持，将由去极化轴突释放出的过量细胞外钾吸收，并储存糖原。

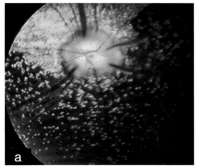

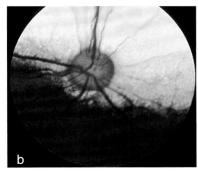

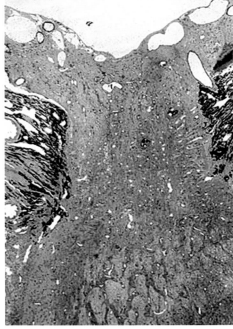

图 250.1　正常犬眼底图像　　　图 250.2　塑料包埋切片

病例 251：问题　这只成年雄性杜宾犬（图 251.1）遭受头部创伤后出现眼球内陷。当犬低头时，结膜迅速向前膨胀（图 251.2）。

Ⅰ.该疾病是什么，发现了哪些临床症状？

Ⅱ.这类疾病可能的病因有哪些？

Ⅲ.可以进行哪些诊断测试来帮助确诊？

Ⅳ.该疾病如何治疗？

病例 251：回答　Ⅰ.病因是眼眶静脉曲张，或眼眶动静脉异常吻合。该犬表现为间歇性位置性眼球突出和眼球内陷，无疼痛感。

Ⅱ.该疾病可能为先天性，也可能由创伤性事件所引起的动静脉吻合导致，例如该犬。

Ⅲ.诊断性成像，如 MRI 对比研究和多普勒超声可能有用。

Ⅳ.该疾病的治疗方法是观察或手术结扎异常的血管。

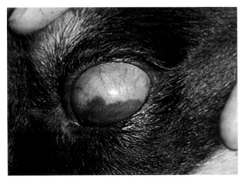

图 251.1　成年雄性杜宾犬眼球内陷　　　图 251.2　患犬低头时，结膜迅速向前膨胀

病例 252　病例 253　病例 254

病例 252：问题　白内障摘除术是兽医学中最常见的内眼手术。对于犬和猫，建议进行哪种类型的白内障摘除术？

病例 252：回答　白内障超声乳化术（如图 252.1 所示）是对犬、猫最有用的技术。该囊外手术通过 3.2 mm 的角膜切口，在移除前囊膜后，利用装载着套有硅套管的超声波钛针的压电式手柄来碎裂和乳化晶状体核与皮质。然后在通过灌注乳酸林格氏液或平衡盐溶液维持眼内压的同时，从眼内抽吸出被乳化的晶状体。白内障摘除后可植入人工晶状体。对于角膜和视网膜健康且术前无葡萄膜炎的患病动物，成功率接近 90%。

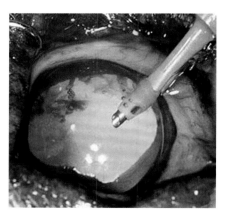

图 252.1　白内障超声乳化术

病例 253：问题　该幼猫的第三眼睑与背侧结膜相连，且无法自由移动（图 253.1）。造成这种情况的两种可能病因是什么？

病例 253：回答　结膜与结膜的异常粘连被称为睑球粘连。睑球粘连通常与猫疱疹病毒感染有关（见病例 167）。睑球粘连也可能由第三眼睑先天性畸形所致，这可能是该幼猫的病因。

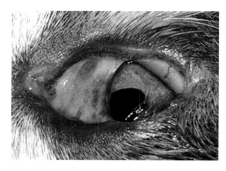

图 253.1　幼猫患眼外观

病例 254：问题　在该犬眼眶附近的颅骨上有一个硬块，该硬块在过去 2 年中慢慢出现。该硬块导致眼球突出（图 254.1）。

Ⅰ. 您的诊断结果是什么？

Ⅱ. 您如何判读影像学检查结果（图 254.2）？

病例 254：回答　Ⅰ. 诊断为颅骨和眼眶肿瘤，最可能是骨肉瘤。

Ⅱ. X 线片显示广泛骨溶解。在犬中报道的其他颅骨肿瘤还有多小叶骨软骨肉瘤和骨肉瘤；骨肉瘤也见于猫颅骨。尽管影像学检测到侵袭性骨溶解，但该犬的病变发展缓慢，在未来的 4 年内转移潜能似乎有限。CT 和 MRI 可辅助颅骨肿块的诊断和治疗。

图 254.1　患犬双眼外观

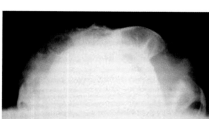

图 254.2　头部影像学检查

索引